沈从文 哲思录

沈从文 著

新世界出版社
NEW WORLD PRESS

图书在版编目（CIP）数据

沈从文哲思录 / 沈从文著. -- 北京：新世界出版社，2017.8（2017.11重印）
ISBN 978-7-5104-6283-2

Ⅰ.①沈… Ⅱ.①沈… Ⅲ.①沈从文（1902-1988）－人生哲学－文集 Ⅳ.①B821-53

中国版本图书馆CIP数据核字（2017）第109116号

沈从文哲思录

作　　者：沈从文
责任编辑：丁　鼎
责任校对：宣　慧
责任印制：王宝根　高　金
出版发行：新世界出版社
社　址：北京西城区百万庄大街24号（100037）
发行部：（010）6899 5968　　（010）6899 8705（传真）
总编室：（010）6899 5424　　（010）6832 6679（传真）
http://www.nwp.cn
http://www.nwp.com.cn
版权部：+8610 6899 6306
版权部电子信箱：nwpcd@sina.com
印　刷：北京嘉业印刷厂
经　销：新华书店
开　本：880mm × 1230mm　1/32
字　数：230千字　印张：9
版　次：2017年8月第1版　2017年11月第2次印刷
书　号：ISBN 978-7-5104-6283-2
定　价：39.80元

目录

时间在改造一切，星宿的运行，昆虫的触角，你和人，同样都在时间下失去了固有的位置和形体。尤其是美，不能在风光中静止。

水　云

——我怎么创造故事，故事怎么创造我

青岛的五月，是个稀奇古怪的时节。从二月起的交换季候风忽然一息后，阳光热力到了地面，天气即刻暖和起来。树林深处，有了啄木鸟的踪迹和黄莺的鸣声。公园中梅花、桃花、玉兰、郁李、棣棠、海棠和樱花，正像约好了日子，都一齐开放了花朵。到处都聚集了些游人，穿起初上身的称身春服，携带酒食和糖果，坐在花木下边草地上赏花取乐。就中有些从南北大都市来看樱花，做短期旅行的，从外表上一望，也可明白。这些人为表示当前为自然解放后的从容和快乐，多仰卧在草地上，用手枕着头，被天上云影、压枝繁花弄得发迷。口中还轻轻吹着呼哨，学林中鸣禽唤春。女人多站在草地上为孩子们照相，孩子们却在花树间各处乱跑。

就在这种阳春烟景中，我偶然看到一个人的一首小诗，大意说：地上一切花果都从阳光取得生命的芳馥，人在自然秩序中，也只是一种生物，还待从阳光中取得营养和教育。因此常常欢喜孤独伶俜的，带了几个硬绿苹果，带了两本书，向阳光较多无人注意的海边走去。照习惯我是对准日出方向，沿海岸往东走。夸父追日，我却迎

赶日头，不担心半道会渴死。走过了浴场，走过了炮台，走过了那个建筑在海湾石堆上俄国什么公爵的大房子……一直到太平角凸出海中那个黛色大石堆上，方不再向前进。这个地方前面，已是一片碧绿大海，远远可看见水灵山岛的灰色圆影，和海上船只驶过时在浅紫色天末留下那一缕淡烟。我身背后是一片马尾松林，好像一个一个翠绿扫帚，扫拂天云。矮矮的疏疏的马尾松下，到处有一丛丛淡蓝色和黄白间杂野花，在任意开放。花丛间，常常可看到一对对小而伶俐麻褐色野兔，神气天真烂漫，在那里追逐游戏。这地方还无一座房子，游人稀少，本来应该算是这些小小生物的特别区，所以与陌生人互相发现时，必不免抱有三分好奇，眼珠子骨碌碌地对人望望。望了好一会，似乎从神情间看出了一点危险，或猜想到“人”是什么，方憬然惊悟，猛回头在草树间奔窜。逃走时，恰恰如一个毛团弹子一样迅速，也如一个弹子那么忽然触着树身而转折，更换个方向继续奔窜。这聪敏活泼生物，终于在绿色马尾松和杂花间消失了。我于是好像有点抱歉，来估想它受惊以后跑回窠中的情形。它们照例是用埋在地下的引水陶筒做家的。因为里面四通八达，合乎传说上的三窟意义。进去以后，必挤得紧紧的，为求安全准备第二次逃奔。因为有时很可能是被一匹狗追逐，狗尚徘徊在水道口。过一会儿，心定了一点，小心谨慎从水道口露出那两个毛茸茸的小耳朵和光头来，听听远近风声，从经验明白“天下太平”后，方重新到草树间来游戏。

我坐的地方，八尺以外便是一道陡峻的悬崖，向下直插入深海中。若想自杀，只要稍稍用力向前一跃，就可坠崖而下，掉进海水里喂鱼吃。海水有时平静不波，如一片光滑的玻璃。有时可看到两三丈高的大浪头，载着皱折的白帽子，直向岩石下扑撞，结果这浪头却变成一片银白色的水沫，一阵带咸味的雾雨。我一面让和暖阳光烘炙肩背手足，取得生命所需要的热和力，一面却用面前这片大海教育我，淘深我的生命。时间长，次数多。天与树、与海的形色气味，便静静地溶解到了我绝对单独的灵魂里。我虽寂寞，却并不悲伤。因为从默会遐想中，感觉到生命智慧和力量。心脏跳跃节奏中，即俨然有形式完美韵律清新的诗歌，和调子柔软而充满青春纪念的音乐。

“名誉、金钱或爱情，什么都没有，这不算什么。我有一颗能为一切现世光影而跳跃的心，就很够了。这颗心，不仅能够梦想一切，而且可以完全实现它。一切花草，既都能从阳光下得到生机，各自于阳春烟景中芳菲一时，我的生命上的花朵，也待发展，待开放，必然有惊人的美丽与芳香。”

我仰卧时那么打量。一起身，另外一种回答就起自中心深处。这正是想象碰着边际时所引起的一种回音。回音中见出一点世故，一点冷嘲，一种受社会挫折蹂躏过的记号。

“一个人心情骄傲，性格孤僻，未必就能够做战士。应当时时刻刻记住，得谨慎小心，你到的原是个深海边。身体纵不至于掉进海里去，一颗心若掉到梦想的幻异境界中去，也相当危险，挣扎出来并不容易！”

这点世故对于当时的我并不需要。因此我重新躺下去，俨若表示业已心甘情愿受我选定的生活、选定的人所征服。我等待这种征服。

“为什么要挣扎？倘若那正是我要到的去处，用不着使力挣扎的。我一定放弃任何抵抗愿望，一直向下沉。不管它是带咸味的海水，还是带苦味的人生，我要沉到底为止。这才像是生活，是生命。我需要的，就是绝对的皈依，从皈依中见到'神'。我是个乡下人，走到任何一处，照例都带了一把尺，一把秤，和普遍社会总是不合。一切来到我命运中的事事物物，我有我自己的尺寸和分量，来证实生命的价值和意义。我用不着你们名叫'社会'为制，定的那个东西，我讨厌一般标准，尤其是什么思想家为扭曲蠹蚀人性而定下的乡愿蠢事。这种思想算是什么？不过是少年时男女欲望受压抑，中年时权势欲望受打击，老年时体力活动受限制，因之用这个来弥补自己并向人间复仇的人病态的表示罢了。这种人从来就是不健康的，哪能够希望有个健康人生观。"

"好，你不妨试试看，能不能使用你自己那个尺和秤，去量量你和人的关系。"

"你难道不相信吗？"

"你应当自己有自信，不用担心别人不相信。**一个人常常因为对自己缺少自信，才要从别人相信中得到证明。**政治上纠纠纷纷，以及在这种纠纷中的牺牲，使百万人在面前流血，流血的意义就为的是可增加某种人自己那点自信。在普通人事关系上，且有人自信不过，又无从用牺牲他人得到证明，所以一失了恋就自杀的。这种人，做了一件其蠢无以复加的行为，还以为自己是在追求生命最高的意义，而且得到了它。"

"我只为的是如你所谓灵魂上的骄傲，也要始终保留着那点自信！"

"那自然极好，因为凡真有自信的人，不问他的自信是从官能健康或观念顽固而来，都可望能够赢得他人的承认。不过你得注意，风不常向一定方向吹。我们生活中，到处是‘偶然’，生命中还有比理性更具势力的‘情感’。一个人的一生，可说即由偶然和情感乘除而来。你虽不迷信命运，新的偶然和情感，可将形成你明天的命运，决定他后天的命运。”

“我自信我能得到我所要的，也能拒绝我不要的。”

“这只限于选购牙刷一类小事情。另外一件小事情，就会发现势不可能。至于在人事上，你不能有意得到那个偶然的凑巧，也无从拒绝那个附于情感上的弱点。”

辩论到这点时，仿佛自尊心起始受了点损害，躺着向天的那个我，沉默了。坐着望海的那个我，因此也沉默了。

试看看面前的大海，海水明蓝而静寂，温厚而蕴藉。虽明知中途必有若干海岛，可供候鸟迁移时栖息，且一直向前，终可到达一个绿芜无限的彼岸。但一个缺少航海经验的人，是无从用想象去证实的。这也正与一个人的生命相似。再试抬头看看天空云影，并温习另外一时同样天空的云影，我便俨若有会于心。因为海上的云彩实在丰富异常。有时五色相渲，千变万化，天空如张开一张锦毯。有时又素净纯洁，天空但见一片绿玉，别无他物。这地方，一年中有大半年天空中竟完全是一幅神奇的图画，有青春的嘘息，触起人狂想和梦想，看来令人起轻快感、温柔感、音乐感、情欲感。海市蜃楼就在这种天空中显现，它虽不常在人眼底，却永远在人心中。秦皇汉武的事业，同样结束在一个长生不死青春常驻的梦境里，不是毫无道理的。然而，这应当是偶然和情感乘除，此外还有点别的什么？

我不羡慕神仙，因为我是个凡人。我还不曾受过任何女人关心，也不曾怎么关心过别的女人。我在移动云影下，做了些年轻人所能做的梦。我明白我这颗心在情分取予得失上，受得住人的冷淡糟蹋，也载得起来的忘我狂欢。我试重新询问我自己。

“什么人能在我生命中如一条虹，一粒星子，在记忆中永远忘不了？应当有那么一个人。”

“怎么这样谦虚得小气？这种人虽行将就要陆续来到你的生命中，各自保有一点势力。这些人名字都叫作‘偶然’。名字有点俗气，但你并不讨厌它，因为它比虹和星还无固定性，还无再现性。它过身，留下一点什么在这个世界上，一个人的心上；它消失，当真就消失了。除了留在心上那个痕迹，说不定从此就永远消失了。这消失也不会使人悲观，为的是它曾经活在你心上过，并且到处是偶然。”

“我是不是也能够在另外一个生命中保留一种势力？”

“这应当看你的情感。”

“难道我和人对于自己，都不能照一种预定计划去做一点……”

“唉，得了。什么计划？你意思是不是说，那个理性可以为你决定一件事情，而这事情又恰恰是上帝从不曾交把任何一个人的？你试想想看，能不能决定三点钟以后，从海边回到你那个住处去，半路上会有些什么事情等待你？这些事，影响到一年两年后的生活可能有多大？若这一点你失败了，那其他的事情，显然就超过你智力和能力以外更远了。这种测验对于你也不是件坏事情。因为可让你明白偶然和感情将来在你生命中的种种，说不定还可以增加你一点忧患来临的容忍力——也就是新的道家思想，在某一点、某一事上，你得有点信天委命的达观，你因此才能泰然、坦然继续活下去。”

我于是靠在一株马尾松旁边，一面采摘那些杂色不知名野花，一面试去想象下午回去半路上可能发生的一切事情。

到下午四点钟左右，我预备回家了。在惠泉浴场潮水退落后的海滩泥地上，看见一把被海水漂成白色的小螺蚌，在散乱的地面返着珍珠光泽。从螺蚌形色，可推测得这是一个细心的人的成绩。我猜想，这也许是个随同家中人到海滩上来游玩的女孩子，用两只小而美丽的手，精心细意把它从沙砾中选出，玩过一阵以后，手中有了一点温汗，怪不受用，又还舍不得抛弃。恰好见家中人在前面休息处从藤提篮中取出苹果，得到个理由要把手弄干净一点，就将它塞在保姆手里，不再关心这个东西了。保姆把这些螺蚌残骸捏在大手里一会儿，又为另外一个原因，把它随意丢在这里了。因为湿地上留下一列极长的足印，就中有个是小女孩留下的，我为追踪这个足印，方发现了它。这足印到此为止，随后即斜斜地向可供休息的一个大石边走去，步伐已较宽，脚印也较深，可知是跑去的。并且石头上还有些苹果、香蕉皮屑。我于是把那些美丽螺蚌一一捡到手中，因为这些过去生命，保留了一些别的生命的美丽天真愿望，活在我的想象中。

再走过去一点，我又追踪另外两个脚迹走去，从大小上可看出，这是一对年轻伴侣留下的。到一个最适宜于看海上风帆的地点，两个脚迹稍深了点，乱了点，似乎曾经停留了一会儿。从男人手杖尖端划在砂上的几条无意义的曲线，和一些三角形与圆圈，和一个装胶卷的小黄纸盒，可推测得出，这对年轻伴侣，说不定到了这里恰好看见海上一片三角形白帆驶过，因为欣赏景致停顿了一会儿，还照了个相。照相的很可能是女人，手杖在砂上画的曲线和其他，就代表男子闲坐与一点厌烦。在这个地方照相，又可知是一对外来游人。照规矩，本地人是不会在这个地方照相的。

再走过去一点，到海滩滩头时，我碰到一个敲拾牡蛎的穷女孩，竹篮中装了一些牡蛎和一把黄花。

于是我回到了住处。上楼梯时，楼梯照样“轧轧”地响。从这响声中就可知，并无什么意外事发生。从一个同事半开房门中，可看到墙壁上一张有香烟广告美人画。另外一个同事窗台上，依然有个鱼肝油空瓶。一切都照样。尤其是楼下厨房中大师傅，在调羹和味时那些碗盏磕碰声音，以及那点从楼口上溢的扑鼻香味，更增加凡事照常的感觉。我不免对于在海边那个宿命论与不可知论的我，觉得有点相信不过。

其时尚未黄昏，住处小院子十分清寂，远在三里外的海上细语啮岸声音，也听得很清楚。院子内花坛中一大丛珍珠梅，脆弱枝条上繁花如雷。我独自在院中划有方格的水泥道上来回散步，一面走，一面思索些抽象问题。恰恰如《歌德传记》中说他二十多岁时在一个钟楼上看村景心情，身边、手边除了本诗集什么都没有，可是世界上一切都俨然为他而存在。

用一颗心去为一切光、色、声音、气味而跳跃，比用两条强壮手臂对于一个女人所能做的还更多。可是多多少少有一点儿难受，好像在有所等待，可不知要来的是什么。

远远地忽然听到女人笑语声，抬头看看，就发现短墙外拉斜下去的山路旁，那个加拿大白杨林边，正有个年事轻轻的女人，穿着件式样称身的黄绸袍子，走过草坪，去追赶一个女伴。另外一处，却有个

“上海人”模样穿旅行装的二号胖子，携带两个孩子，在招呼他们。我心想，怕是什么银行中人来看樱花吧。这些人照例住第一宾馆的头等房间，上馆子时，必叫“甲鲫鱼”，还要到炮台边去照几个相。一切行为都反映他钱袋的饱满和兴趣的庸俗。女的很可能因为从上海来的，衣服都很时髦，可是脑子都空空洞洞，除了从电影上追求女角的头发式样，算是生命中至高的悦乐，此外竟毫无所知。

过不久，同住的几个专家陆续从学校回来了，于是照例开饭。甲乙丙丁戊己庚辛，坐满了一桌子，再加上一位陌生女客，一个受过北平高等学校教育、上海高等时髦教育的女人。照表面看，这个女人可说是完美无疵，大学教授理想的太太，照言谈看，这个女人并且对于文学艺术竟像是无不当行。不凑巧，平时吃保肾丸的教授乙，饭后拿了个手卷人物画来欣赏时，这个漂亮女客却特别对画上的人物数目感兴趣。这一来，我就明白，女客精神上还是大观园拿花荷包的人物了。

到了晚上，我想起“偶然”和“情感”两个名词，不免重新有点不平。好像一个对生命有计划、对理性有信心的我，被另一个宿命论不可知论的我战败了。虽然败，还不服输，所以总得想方法来证实一下。当时，唯一可证实我是能够有理想、照理想活下去的事，即是用手上一支笔写点什么。先是为一个远在千里外女孩子写了些信，预备把白天海滩上无意中得到的螺蚌附在信里寄去，因为叙述这些螺蚌的来源，我不免将海上光景描绘一番。这种信写成后，使我不免有点难过起来，心俨然沉到一种绝望的泥潭里了，为自救、自解计，才另外来写个故事。我以为由我自己把命运安排得十分美丽，若势不可能，安排一个小小故事，应当不太困难。我想试试看能不能在空中建造一个式样新奇的楼阁。我无中生有，就日中所见，重新拼合写下去。我应当承认，在写到故事一小部分时，情感即已抬了头。我一直写到天明，还不曾离开桌边，且经过二十三个钟头，只吃过三个硬苹果。写到一半时，我方在前面加个题目：《八骏图》。第五天后，故事居然写成功了。第二十七天后，故事便在上海一个刊物上发表了。刊物从上海寄过青岛时，同住几个专家都觉得被我讥讽了一下，都以为自己即故事上甲乙丙丁，完全不想到我写它的用意，只是在组织一个梦境。至于用来表现"人"在各种限制下所见出的性心理错综情感，我从中抽出式样不同的几种人，用语言、行为、联想、比喻以及其他方式来描写它。这些人，照样活一世，并不以为难受。到被别人如此艺术地加以处理时，看来反而难受。在我，当时竟觉得大不可解。这故事虽得来些不必要麻烦，且影响到我后来放弃教学的理想，可是一般读者却因故事和题目巧合，表现方法相当新，处理情感相当美，留下个较好印象。且以为一定真有那么一回事，因此按照上海风气，为我故事来做索引，就中男男女女都有名有姓。这种索引自然是不可信的，尤其是说到的女人，近于猜谜。这种猜谜既无关大旨，所以我只用微笑和沉默作为答复。

夏天来了，大家都向海边跑，我却留在山上。有一天，独自在学校旁一列梧桐树下散步，太阳光从梧桐大叶空隙间滤过，光影印在地面上，纵横交错，俨若有所契，有所悟，只觉得生命和一切都交互溶解在光影中。这时节，我又照例成为两种对立的人格。

我稍稍有点自骄，有点兴奋，"什么是偶然和情感？我要做的事，就可以做。世界上不可能用任何人力材料建筑的宫殿和城堡，原可以用文字做成功的。有人用文字写人类行为的历史。我要写我自己的心和梦的历史。我试验过了，还要从另外一些方面做种种试验。”

那个回音依然是冷冷的，“这不是最好的例，若用前事作例，倒恰好证明前次说的偶然和情感实决定你这个作品的形式和内容。你偶然遇到几件琐碎事情，在情感兴奋中黏合贯串了这些事情，末了就写成了那么一个故事。你再写写看，就知道你单是‘要写’，并不成功了。文字虽能建筑宫殿和城堡，可是那个图样却是另外一时的偶然和情感决定的。”

“这是一种诡辩。时间将为证明，我要做什么，必能做什么。”

“别说你‘能’做什么，你不知道，就是你‘要’做什么，难道还不是由偶然和情感乘除来决定？人应当有自信，但不许超越那个限度。”

“情感难道不属于我？不由我控制？”

“它属于你，可并不如由知识堆积而来的理性，能供你使唤。只能说你属于它，它又属于生理上的‘性’，性又属于人事机缘上的那个偶然。它能使你生命如有光辉，就是它恰恰如一个星体为阳光照及时。你能不能知道阳光在地面上产生了多少生命，具有多少不同形式？你能不能知道有多少生命名字叫作‘女人’，在什么情形下就使你生命放光，情感发炎？你能不能估计有什么在阳光下生长中的生命，到某一时，原来恰恰就在支配你，成就你？这一切你全不知道！”

“……”

这似乎太空虚了点，正像一个人在抽象中游泳，这样游来游去，自然不会到达那个理想或事实边际。如果是海水，还可推测得出本身浮沉和位置。如今只是抽象，一切都超越感觉以上，因此我不免有点恐怖起来。我赶忙离开了树下日影，向人群集中处走去，到了熙来攘往的大街上。这一来，两个我照例都消失了。只见陌生人林林总总，在为一切事而忙。商店和银行，饭馆和理发馆，到处有人进出。**人与人关系变得复杂到不可思议，然而又异常单纯地一律受钞票所控制。**到处有人在得失上爱憎，在得失上笑骂，在得失上作种种表示。

离开了大街，转到市政府和教堂时，就可使人想到，这是历史上种种得失竞争的象征。或用文字制作经典，或用木石造做虽庞大却极不雅观的建筑物，共同支撑一部分前人的意见，而照例更支撑了多数后人的衣禄。……不知如何一来，一切人事在我眼前都变成了漫画，既虚伪，又俗气，而且反复继续下去，不知到何时为止。但觉人生百年长勤，所得于物虽不少，所得于己实不多。

我俨然就休息到这种对人事的感慨上，虽累，而不十分疲倦。我在那座教堂石阶上面对大海坐了许久。

回来时，我想除去那些漫画印象和不必要的人事感慨，就重新使用这支笔，来把佛经中小故事放大翻新，注入我生命中属于情绪散步的种种纤细感觉和荒唐想象。**我认为，人生为追求抽象原则，应超越功利得失和贫富等级，去处理生命与生活。我认为，人生至少还容许用将来重新安排一次。**就那么试来重做安排，因此又写成一本《月下小景》。

两年后，《八骏图》和《月下小景》结束了我的教书生活，也结束了我海边孤寂中的那种情绪生活。两年前偶然写成的一个小说，损害了他人的尊严，使我无从和甲乙丙丁专家同在一处继续共事下去。

偶然拾起的一些螺蚌，连同一个短信，寄到另外一处时，却装饰了另外一个人的青春生命，我的幻想已证实了一部分，原来，我和一个素朴而沉默的女孩子，相互间在生命中都保留一种势力，无从去掉了。我到了北平。

有一天，我走入北平城一个人家的阔大华贵客厅里，猩红丝绒垂地的窗帘，猩红丝绒四丈见方的地毯，把我愣住了。我就在一套猩红丝绒旧式大沙发中间，选了靠近屋角一张沙发坐下来，观看对面高大墙壁上的巨幅字画。莫友芝斗大的分隶屏条，赵扔叔斗大的红桃立轴，这一切，竟像是特意为配合客厅而准备，并且还像是特意为压迫客人而准备。一切都那么壮大。我于是似乎缩得很小。来到这地方是替一个亲戚带个小礼物，应当面把礼物交给女主人的。等了一会儿，女主人不曾出来，从客厅一角却出来了个“偶然”。问问才知道，是这人家的家庭教师，和青岛托带礼物的亲戚也相熟，和我好些朋友都相熟。虽不曾见过我，可是却读过我作的许多故事。因为那女主人出了门，等等方能回来，所以用电话要她和我谈谈。我们谈到青岛的四季，两年前她还到过青岛看樱花，以为樱花和别的花都并不比北平的花好，倒是那个海有意思。女主人回来时，正是我们谈到海边一切，和那个本来俨然海边的主人麻兔时。我们又谈了些别的事方告辞。“偶然”给我一个幽雅而脆弱的印象，一张白白的小脸，一堆黑而光柔的头发，一点陌生羞怯的笑。当发后的压发翠花跌落到地毯上，躬身下去寻找时，我仿佛看到一条素色的虹霓。虹霓失去了彩色，究竟还有什么，我并不知道。“偶然”给我保留一种印象，我给了“偶然”一本书。书上第一篇故事，原可说就是两年前为抵抗“偶然”而写成的。

一个月以后，我又在另外一个素朴而美丽的小客厅中见到了“偶然”。她说，一点钟前还看过我写的那个故事，一面说，一面微笑。且把头略偏，眼中带点羞怯之光，想有所探询，可不便启齿。

仿佛有斑鸠唤雨声音从远处传来。小庭园玉兰正盛开。我们说了些闲话，到后“偶然”方问我：“你写的可是真事情？”

我说：“什么叫作真？我倒不大明白真和不真在文学上的区别，也不能分辨它在情感上的区别。**文学艺术只有美和不美**。精卫衔石，杜鹃啼血，情真事不真，并不妨事。你觉得对不对？”

“我看你写的小说，觉得很美，当真很美，但是，事情真不真——可未必真！”

这种怀疑似乎已超过了文学作品的欣赏。所要理解的，是作者的人生态度。

我稍稍停了一会儿，“不管是故事还是人生，一切都应当美一些！丑的东西虽不是罪恶，可是总不能令人愉快。我们活到这个现代社会中，被官僚、政客、银行老板、理发师和成衣师傅，共同弄得到处是丑陋，可是人应当还有个较理想的标准，也能够达到那个标准，至少容许在文学艺术上创造那标准。**因为不管别的如何，美应当是善的一种形式！**”

正像是这几句空话说中了“偶然”另外某种嗜好，“偶然”轻轻地叹了一口气。“美的有时也令人不愉快！譬如说，一个人刚好订婚，又凑巧……”

我说：“呵！我知道了。你看了我写的故事一定难过起来了。不要难受，美丽总使人忧愁，可是还受用。那是我在海上受水云教育产生的幻影，并非实有其事！”

“偶然”于是笑了。因为心被个故事已浸柔软，忽然明白，这为古人担忧弱点已给客人发现，自然觉得不大好意思。因此不再说什么，把一双白手拉拉衣角，裹紧了膝头。那天穿的衣服，恰好是件绿地小黄花绸子夹衫，衣角袖口缘了一点紫。也许自己想起这种事，只是不经意地和我那故事巧合，也许又以为客人并不认为这是不经意，且认为是成心。所以在应对间不免用较多微笑作为礼貌的装饰，与不安情绪的盖覆。结果另外又给了我一种印象。我呢，我知道，上次那本小书给人甘美的忧愁已够多了。

离开那个素朴小客厅时，我似乎遗失了一点什么东西。在开满了马樱花和洋槐的长安街大路上，试搜寻每个衣袋，不曾发现失去的是什么。后来转入中南海公园，在柳堤上绕了一个大圈子，见到水中的云影，方骤然觉悟，失去的只是三年前独自在青岛大海边向虚空凝眸，做种种辩论时那一点孩子气主张。这点自信若不是掉落到一堆时间后边，就是前不久掉在那个小客厅中了。

我坐在一株老柳树下休息，想起“偶然”穿的那件夹衫，颜色花朵如何与我故事上景物巧合。当这点秘密被我发现时，“偶然”所表示的那种轻微不安，是种什么分量。我想起我向“偶然”说的话，这些话，在“偶然”生命中，可能发生的那点意义，又是种什么分量，心似乎有点跳得不大正常。“美丽总使人忧愁，然而还受用。”

一个小小金甲虫落在我的手背上。捉住了它看看时，只见六只小脚全缩敛到带金属光泽的甲壳下面。从这小虫生命完整处，见出自然之巧和生命形式的多方。手轻轻一扬，金虫即振翅飞起，消失在广阔的湖面莲叶间了。我同样保留了一点印象在记忆里。原来我的心尚空阔得很，为的是过去曾经装过各式各样的梦，把梦腾挪开时，还装得上许多事事物物。然而，我想这个泛神倾向若用之与自然对面，很可给我对现世光色有更多理解机会；若用之于和人事对面，或不免即成为我一种弱点，尤其是在当前的情形下，绝不能容许弱点抬头。

因此，我有意从“偶然”给我的印象中，搜寻出一些属于生活习惯上的缺点，用作保护我性情上的弱点。

……生活在一种不易想象的社会中，日子过得充满脂粉气。这种脂粉气，既成为生活一部分，积久也就会成为生命中不可少的一部分。一切不外乎装饰，只重在增加对人的效果，毫无自发的较深较远的理想。性情上的温雅，和文学爱好，也可说是足为装饰之一种。脂粉气邻于庸俗，知识也不免邻于虚伪。一切不外乎时髦，然而时髦得多浅、多俗气！……

我于是觉得安全了。倘若没有别的时间下偶然发生的事情，我应当说实在是十分安全的。因为我所体会到的“偶然”生活性情上的缺点，一直都还保护到我，任何情形下尚有作用。不过，保护得我更周到的，也许还是另外一种事实，即一种幸福的婚姻，或幸福婚姻的幻影。我正准备去接受它，证实它。这也可说是种偶然。为的是由于两年前在海上拾来那点螺蚌，无意中寄到南方时所得的结果。然而关于这件事，我却认为是意志和理性做成的。恰恰如一切用笔写成的故事，内容虽近于传奇，由我个人看来，却产生于一种计划中。

时间流过去了，带来了梅花、丁香、芍药和玉兰。一切北方色香悦人的花朵，在冰冻渐渐融解风光中逐次开放。另外一种温柔的幻影已成为实际生活。一个小小院落中，一株槐树和一株枣树，遮蔽了半个院子，从细碎树叶间筛下细碎的明净秋阳日影，铺在砖地，映照在素净纸窗间，给我对于生命或生活一种新的经验和启示。一切似乎都安排对了。我心想："我要的，已经得到了。名誉或认可，友谊和爱情，全部到了我的身边。我从社会和别人，证实了存在的意义。可是不成，我似乎还有另外一种幻想，即从个人工作上证实个人希望所能达到的传奇。我准备创造一点纯粹的诗，与生活不相黏附的诗。情感上积压下来的一点东西，家庭生活并不能完全中和它，消耗它，我需要一点传奇，一种出于不巧的痛苦经验，一分从我'过去'负责所必然发生的悲剧。换言之，即完美爱情生活并不能调整我的生命，还要用一种温柔的笔调，来写爱情，写那种和我目前生活完全相反，然而与我过去情感又十分相近的牧歌，方可望使生命得到平衡。"

因此，每天大清早，就在院落中一个红木八条腿小小方桌上，放下一叠白纸，一面让细碎阳光洒在纸上，一面将我某种受压抑的梦写在纸上。故事中的人物，一面从一年前在青岛崂山北九水旁见到的一个乡村女子，取得生活的必然，一面就用身边新妇作范本，取得性格上的素朴式样。一切充满了善，然而到处是不凑巧。既然事不凑巧，因之素朴的善终难免产生悲剧。故事中充满五月中的斜风细雨，以及那点六月中夏雨欲来时闷人的热，和闷热中的寂寞。这一切其所以能转移到纸上，倒可说全是从两年来海上阳光得来的能力。这一来，我的过去痛苦的挣扎，受压抑无可安排的乡下人对于爱情的憧憬，在这个不幸故事上，才得到了排泄与弥补。

一面写，一面总仿佛有个生活上陌生、情感上相当熟悉的声音在招呼我：

“你这是在逃避一种命定。其实，一切努力全是枉然。你的一支笔虽能把你带向‘过去’，不过是用故事抒情作诗罢了。真正在等待你的，却是‘未来’。你敢不敢向更深处想一想，笔下如此温柔的原因？你敢不敢仔仔细细认识一下你自己，是不是个能够在小小得失悲欢上满足的人？”

“我用不着做这种分析和研究。我目前的生活很幸福。这就够了。”

“你以为你很幸福，为的是你尊重过去，当前是照你过去理性或计划安排成功的。但你何尝真正能够在自足中得到幸福？或用他人缺点保护，或用自己的幸福幻影保护，二而一，都可作为你害怕‘偶然’浸入生命中时，所能发生的变故。因为‘偶然’能破坏你幸福的幻影。你怕事实，所以自觉宜于用笔捕捉抽象。”

“我怕事实？”

“是的，你害怕明天的事实。或者说你厌恶一切事实，因之极力想法贴近过去，有时并且不能不贴近那个抽象的过去，使它成为你稳定生命的碇石。”

我好像被说中了，无从继续申辩。我希望从别的事情上找寻我那点业已失去的自信，或支持自信的观念；没有得到，却得到许多容易破碎的古陶旧瓷。由于耐心和爱好换来的经验，使我从一些盘盘碗碗形体和花纹上，认识了这些艺术品的性格和美术上特点，都恰恰如一个中年人自各样人事关系上所得的经验一般。久而久之，对于清代瓷器中的盘碗，我几乎用手指去摸抚它的底足边缘，就可判断作品的相对年代了。然而，这一切却只能增加我耳边另外一种声音的调讽。

“你打量用这些容易破碎的东西稳定平衡你奔放的生命，到头还是毫无结果。这消磨不了你三十年积压的幻想。你只有一件事情可做，即从一种更直接有效的方式上，发现你自己，也发现人。什么地方，有些年轻温柔的心在等待你，收容你的幻想，这个你明明白白。为的是你怕事，你于是名字叫作‘好人’。”声音既来自近处，又像来自远方，却十分明白地存在，不易消失。

试去搜寻从我生活上经过的人事时，才发现，这个那个“偶然”，都好像在控制我，支配我。因此重新在所有“偶然”给我的印象上，找出每个“偶然”的缺点，保护到我自己的弱点。只因为这些声音从各方面传来，且从不同时间、不同地点传来。

我的新书《边城》出了版。这本小书在读者间得到些赞美，在朋友间还得到些极难得的鼓励。可是没有一个人知道我是在什么情绪下写成这个作品，也不大明白我写它的意义。即以极细心朋友刘西渭先生批评说来，就完全得不到我何如用这个故事填补我过去生命中一点哀乐的原因。唯其如此，这个作品在我抽象感觉上，我却得到一种近乎严厉讥刺的责备。

“这是一个胆小而知足且善逃避现实者最大的成就。将热情注入故事中，使他人得到满足，而自己得到安全，并从一种友谊的回声中证实生命的意义。可是生命真正意义是什么？是节制还是奔放？是矜持还是疯狂？是一个故事还是一种事实？”

“这不是我要回答的问题，他人也不能强迫我答复。”

不过，这件事在我生命中究竟已经成为一个问题。庭院中枣子成熟时，眼看到缀系在细枝间被太阳晒得透红的小小果实，心中不免有一丝儿对时序的悲伤。一切生命都有个“秋天”，来到我身边却是那个“秋天的感觉”。这种感觉，可以使一个浪子缩手皈心，也可以使一个君子糊涂堕落，为的是衰落预感刺激了他，或恼怒了他。

天气渐冷，我已不能再在院中阳光下写什么，且似乎也并无什么故事可写。心手两闲的结果，使我起始坠入故事里乡下女孩子那种纷乱情感中。我需要什么？不大明白。又正像不敢去思索明白。总之，情感在生命中已抬了头。这比我真正去接近某个“偶然”时还觉得害怕。因为它虽不至于损害人，事实上却必然会破坏我——我的工作理想和一点自信心，都必然将如此而毁去。最不妥当处，是我还有些预定的计划，这类事与我“性情”虽不甚相合，对我“生活”却近于必需。情感若抬了头，一群“偶然”听其自由浸入我生命中，就什么都完事了。当时若能写个长篇小说，照《边城题记》中所说来写崩溃了的乡村一切，来消耗它，归纳它，也许此后可以去掉许多困难。但这种题目和我当时心境都不相合。我只重新逃避到字帖赏玩中去。我想把写字当成一束草，一片破碎的船板，俨然用它为我下沉时有所准备。我要和生命中一种无固定性的势能继续挣扎，尽可能去努力转移自己到一种无碍于人我的生活方式上去。

不过，我虽能将生命逃避到艺术中，可无从离开那个环境。

环境中到处是年轻生命，到处是“偶然”。也许有些是相互逃避到某种问题中，有些又相互逃避到礼貌中，更有些说不定还近于“挹彼注此”的情形。因之各人都可得到一种安全感或安全事实。可是，这对于我，自然是不大相宜的。我的需要，在压抑中更容易见出它的不自然处。岁暮年末时，因之“偶然”中之某一个，重新有机会给了我一点更离奇印象。依然那么脆弱而羞怯，用少量言语，多量微笑，或沉默，来装饰我们的晤面。其时，白日的阳光虽极稀薄，寒风冻结了空气，可是房中炉火照例极其温暖，火炉边柔和灯光中，是能生长一切的，尤其是那个名为“感情”或“爱情”的东西。可是，为防止附于这个名词的纠纷性和是非性，我们却把它叫作“友谊”。总之，“偶然”之一和我的友谊越来越不同了。一年余以来努力的趋避，在十分钟内即证明等于精力白费。“偶然”的缺点依旧尚留在我印象中，而且更加确定，然而却不能保护我什么了。其他“偶然”的长处，也不能保护我什么了。

我于是逐渐进入到一个激烈战争中，即理性和情感的取舍。但事极显明，就中那个理性的我终于败北了。当我第一次给了“偶然”一种败北以后的说明时，一定使“偶然”惊喜交集，且不知如何来应付这种新的问题。因为，这件事若出于另一“偶然”，则准备已久，恐不过是“我早知如此”的轻轻的回答，接着，也不过是由此必然而来的一些给和予。然而这事情却临到一个无经验、无准备的“偶然”手中，在她的年龄和生活上，是都无从处理这个难题，更毫无准备应付这种问题的技术。因此，当她感觉到我的命运是在她手中时，不免茫然失措。

我呢，俨然是在用人教育我。我知道这恰是我生命的两面，用之于编排故事，见出被压抑热情的美丽处；用之于处理人事，即不免见出性情上的弱点，不特苦恼自己，也苦恼人。

我真业已放弃了一切可由常识来应付的种种，一任自己沉陷到一种情感漩涡里去。十年后，温习到这种“过去”时，我恰恰如在读一本属于病理学的书籍，这本书名应当题作：《情感发炎及其治疗》。作者是一个疯子，同时又是一个诗人。书中毫无故事，唯有近乎抽象的印象拼合。到客厅中红梅与白梅全已谢落时，“偶然”的微笑已成为苦笑。因为明白这事得有个终结，就装作为了友谊的完美，和个人理想的实证，带着一点悲伤，一种出于勉强的充满痛苦的笑，好像说，“我得到的已够多了”，就到别一地方去了。走时的神气，和事前心情上的纷乱，竟与她在某一时写的一个故事完全相同。不同处只是所要去的方向而已。

我于是重新得到了稳定，且得到用笔的机会。可是我不再写什么传奇故事了，因为生活本身即为一种动人的传奇。我读过一大堆书，再无什么故事比我情感上的哀乐得失经验更离奇动人。我读过许多故事，好些故事到末后，都结束到“死亡”和一个“走”字上，我却估想这不是我这个故事的结局。

第二个“偶然”，因为在我生命中用另外一种形式存在，我读了另外一本书。这本书正如出于一个极端谨慎的作者，中间从无一个不端重的句子，从无一段使他人读来受刺激的描写，而且从无离奇的变故与纠纷，然而且真是一种传奇。为的是在这故事背后，保留了一切故事所必需的回目。书中每一章、每一节都是对话，与前一个故事“微笑继续沉默”完全相反。

故事中无休止的对话与独白，却为的是沉默即会将故事组织完全破坏而起，从独白中更可见出“偶然”生命取予的形式。因为预防，相互都明白，一沉默即将思索，一思索即将究寻名词，一究寻名词即可能将“友谊”和“爱情”分别其意义。这一来，情形即发生变化，不窘人将不免自窘。因此这故事就由对话起始，由独白结束。书中人物，俨然是在一种战争中维持了十年友谊。形式上都得了胜利，事实上也可说都完全败北。因为装饰过去的生命，本容许有一点妩媚和爱骄，以及少许有节制的疯狂，故事中却用对话、独白代替了。

第三个“偶然”浸入我生命中时，初初即给我一种印象，是上海成衣匠和理发匠等等在一个年轻肉体上所表现的优美技巧。我觉得这种技巧只合给第二等人增加一点风情上的效果，对于“偶然”实不必要。因此，我在沉默中为除去了这些人为的技巧，看出自然所给予一个年轻肉体完美处和精细处。最奇异的是，这里并没有情欲，竟可说毫无情欲，只有艺术。我所处的地位，完全是一个艺术鉴赏家的地位。我理会的只是一种生命的形式，以及一种自然道德的形式。没有冲突，超越得失。我从一个人的肉体认识了“神”与“美”，且即此为止，我并不曾用其他方式破坏这种神与美的印象。正可说是一本完全图画的传奇，就中无一个文字。唯其如此，这个传奇也庄严到使我不能用文字来叙述。唯一可重现人我这种崇高美丽情感，应当是音乐。但是，一个轻微的叹息，一种目光的凝注，一点混合爱与怨的退避，或感谢与崇拜的轻微接近，一种象征道德极致的素朴，一种表示惊讶的呆，音乐到此亦不免完全失去了意义。这个传奇是……我在用人教育我，俨然陆续读了些不同体裁的传奇。这点机会，大多数却又是我先前所写的一堆故事为证明。我是诚实而细心，且奇特地能辨别人生，理解人心，更知道庄严和粗俗的细微分量界限，不至于错用或滥用，因此能翻阅这些奇书。

不过，度量这一切，自然用的是我从乡下随身带来的尺和秤。若由一般社会所习惯的权衡来度量我的弱点和我的坦白，则我存在的意义、存在的价值早已失去了。因为我也许在“偶然”中翻阅了些不应道及的篇章。

然而，正因为弱点和坦白共同在性格或人格上表现，如此单纯而明朗，使我在婚姻上见出了奇迹。在连续而来的挫折中，做主妇的始终能保留那个幸福的幻影，而且还从其他方式上去证实它。这种事由别人看来为不可解，恰恰如我为这个问题写的一个短篇所描写到的情形，“当两人在熟人面前被人称为‘佳偶’时，就用微笑表示‘也像冤家’；又或在熟人神气间被目为‘冤家’时，仍用微笑表示‘实是佳偶’”，由自己说来，也极自然。只因为理解到“长处”和“弱点”原是生命使用方式上的不同，情形必然就会如此。一切基于理解。我是个云雀，经常向碧空飞得很高很远，到一定程度，终于还是直向下坠，归还旧窠。

再过了四年，战争把世界地图和人类历史全改变了过来，同时，从极小处也重造了的人与人的关系，以及这个人在那个人心上的位置。

一个聪明善感的女孩子，年纪大了点时，自然都乐意得到一个朋友的信托，更乐意从一个朋友得到一点有分际的、混合忧郁和热忱所表示的轻微疯狂，用作当前剩余青春的点缀，以及明日青春消逝温习的凭证。如果过去一时，还保留一些美好印象，印象的重叠，使人在取予上自然都不能不变更一种方式，见出在某些事情上的宽容为必然，在某种事情上的禁忌为不必要，无形中都放弃了过去一时的那点警惧心和防卫心。因此虹和星都若在望中，我俨然可以任意去伸手摘取。可是，我所注意摘取的，应当说，却是自己生命追求抽象原则的一种形式。我只希望如何来保留这种热忱到文字中。对于爱情或友谊本身，已不至于如何惊心动魄来接近它了。我懂得“人”多了一些，懂得自己也多了些。在“偶然”之一过去所以自处的“安全”方式上，我发现了“节制”的美丽。在另外一个“偶然”目前所以自见的“忘我”方式上，我又发现了“忠诚”的美丽。在第三个“偶然”所希望于未来“谨慎”方式上，我还发现了谦退中包含勇气与明智的美丽。……生命取舍的多方，因之使我不免有点“老去方知读书少”的自觉。我还需要学习，从更多陌生的书以及少数熟悉的人，学习点“人生”。

因此一来，“我”就重新又成为一个毫无意义的字言，因为很快即完全消失到一些“偶然”的颦笑中，和这类颦笑取舍中了。

失去了“我”后，却认识了“神”，以及神的庄严。墙壁上一方黄色阳光，庭院里一点花草，蓝天中一粒星子，人人都有机会见到的事事物物，多用平常感情去接近它。对于我，却因为和“偶然”某一时的生命同时嵌入我记忆中、印象中，它们的光辉和色泽，就都若有了神性，成为一种神迹了。不仅这些与“偶然”间一时浸入我生命中的东西，含有一种神性，即对于一切自然景物，到我单独默会它们本身的存在和宇宙微妙关系时，也无一不感觉到生命的庄严。一种由生物的美与爱有所启示，在沉静中生长的宗教情绪，无可归纳。我因之一部分生命，竟完全消失在对于一切自然的皈依中。这种简单的情感，很可能是一切生物在生命和谐时所同具的，且必然是比较高级生物所不能少的。然而人若保有这种情感时，却产生了伟大的宗教，或一切形式精美而情感深致的艺术品。

对于我呢，我什么也不写，亦不说。我的一切官能，都似乎在一种崭新教育中，经验了些极纤细微妙的感觉。

我用这种“从深处认识”的情感来写故事，因之产生了《长河》，这个作品的被扣留无从出版，不是偶然了。因为从普通要求说来，对战事描写，是不必要如此向深处掘发的。

我住在一个乡下，因为某种工作，得常常离开了一切人，单独从个宽约七里的田坪通过。若跟随引水道曲折走去，可见到长年活鲜鲜的潺潺流水中，有无数小鱼、小虫，随流追逐，悠然自得，各有其生命之理。平流处多生长了一簇簇野生慈姑，箭头形叶片虽比田中生长的较小，刀的小白花却很有生气。花朵如水仙，白瓣黄蕊，成一小串，从中心挺起。路旁尚有一丛丛刺蓟科野草，开放的翠蓝色小花，比毋忘我草形体尚清雅脱俗，使人眼目明爽，如对无云碧穹。花谢后，却结成无数小小刺球果子，便于借重野兽和家犬携带到另一处繁殖。若从其他几条较小路上走去，蚕豆和麦田中，照例到处生长浅紫色樱草，花朵细碎而妩媚，还带上许多白粉。采摘来时不过半小时即枯萎，正因为生命如此美丽脆弱，更令人感觉生物中求生存与繁殖的神性。在那两旁铺满彩色绚丽花朵细小的田塍上，且随时可看到成对的羽毛黑白分明、异常清洁的鹡鸰，见人时微带惊诧，一面飞起，一面摇颠着小小长尾，在豆麦田中一起一伏，似乎充满了生命的悦乐。还有那个顶戴大绒冠的戴胜鸟，披负一身杂毛，一对小眼睛骨碌碌地对人痴看，直到来人近身时，方微带匆促展翅飞去。本地秧田照习惯不作他用，除三月时育秧，此外长年都浸在一片浅水里。另外几方小田种上慈姑、莲藕的，也常是一片水。不问晴雨，这种田中照例有三两只缩肩秃尾白鹭鸶，清癯而寂寞，在泥沼中有所等待，有所寻觅。又有种鸥形水鸟，在田中走动时，肩背毛羽全是一片美丽桃灰色，光滑而带丝网光泽，有时数百成群在空中翻飞游戏，因翅翼下各有一片白，便如一阵光明的星点，在蓝穹下动荡。小村子有一道流水穿过，水面人家土壤边，都用带刺木香花做篱笆，带雨含露成簇成串的小白花，常低垂到人头上，得一面撩拨方能通过。树下小河沟中，常有小孩子捉鳅拾蚌，或精赤身子相互浇水取乐。村子中老妇人坐在满是土蜂窠的向阳土墙边取暖，屋角隅可听到有人用大石杵缓缓的捣米声，景物人事相对照，恰成一稀奇动人景象。过小村落后，又是一片平田，菜花开时，眼中一片黄，鼻底一片香。土路不十分宽，驮麦粉的小马和驮烧酒的小马，与迎面来人擦身而过时，赶马押运货物的，却远远地在马后喊“让马”，从不在马前牵马让人。因此行人必照规矩下到田塍上去，等待马走过时再上路。菜花一片黄的平田中，还可见到整齐成行的细枯胡麻，竟像是完全为装饰用，一行一行栽在中间，在瘦小脆弱的本端，开放一朵朵翠蓝色小花，花头略略向下低垂，张着小嘴如铃兰样子，风姿娟秀而明媚，在阳光下如同向小蜂小虫微笑，“来，吻我，这里有蜜！……”

眼目所及，都若有神迹在其间，且从这一切都可发现有“偶然”的友谊的笑语和爱情芬芳。

在另一方面，人事上自然也就生长了些看不见的轻微的妒忌，无端的忧虑，有意的间隔，和那种无边无际累人而又闷人的白日梦。尤其是一点眼泪，来自爱怨交缚的一方，一点传说，来自得失未明的一方。就在这种人与人、“偶然”与“偶然”的取舍分际上，我似乎重新接受了一种人生教育。矢来有向或矢来无向，我却一例听之直中所欲中心上某点，不逃避，不掩护。我处在一种极端矛盾情形中，然而到用自己那个尺寸来衡量时，却感觉生命实复杂而庄严。尤其是从一个“偶然”的眩目景象中离开，走到平静自然下见到一切时，生命的庄严有时竟完全如一个极虔诚的教徒。谁也想象不到我生命是在一种什么形式下燃烧。即以这个、那个“偶然”而言，所知道的似乎就只是一些片断，不完全的一体。

我写了无数篇章，叙述我的感觉或印象，结果却不曾留下。正因为各种试验都证明它无从用文字保存，或只合保存在生命中，且即同一回事，在人我生命中，意义上也完全不同。

我那点只用自己尺寸度量人事得失的方式，不可免要反映到对“偶然”的缺点辨别上。这种细微感觉，在普通人我关系上绝体会不到，在比较特殊的一种情形上，便自然会发生变化。恰如甲状腺在水中的情形，分量即或极端稀少，依然可以测出。在这个问题上，我明白我泛神的思想，即曾经损害到这个或那个“偶然”的幽微感觉是种什么情形。我明知语言行为都无补于事实，便用沉默应付了一些困难，尤其是应付轻微的妒忌，以及伴同那个人类弱点而来的一点埋怨，一点责难，一点不必要的设计。我全当作“自然”。我自觉已尽了一个朋友所能尽的力，来在友谊上用最纤细感觉接受纤细反应。而且，在诚实外还那么谨慎小心，从不曾将“乡下人”的方式，派给一个城中朋友，一切有分际的限制，即所以保护到情感上的安全。然而问题也许就正在此。“你口口声声说是一个乡下人，却从不用乡下人的坦白来说明友谊，却装作绅士。然而在另外一方面，你可能又完全如一个乡下人。”我就用沉默将这种询问所应有的回声，逼回到“偶然”耳中去。于是“偶然”走了。

其次是正在把生活上的缺点从习惯中扩大的“偶然”，当这种缺点反映到我感觉上时，她一面即意识到在过去一时某些稍稍过分行为中，失去了些骄傲，无从收回，一面即经验到必须从另外一种信托上，方能取回那点自尊心，或更换一个生活方式，方可望产生一点自信心。**正因为热情是一种教育，既能使人疯狂糊涂，也能使人明彻深思。**热情使我对于“偶然”感到惊讶，无物不“神”，却使“偶然”明白自己只是一个“人”，乐意从人的生活上实现个人的理想与个人的梦。

到“偶然”思索及一个人的应得种种名分与事实时，当然有了痛苦。因为发觉自己所得到虽近于生命中极纯粹的诗，然而个人所期待、所需要的，还只是一种具体生活。纯粹的诗虽能作一个女人青春的装饰，华美而又有光辉，然而并不能够稳定生命，满足生命。再经过一些时间的澄滤，便得到如下的结论：“若想在他人生命中保有‘神’的势力，即得牺牲自己一切‘人’的理想。若希望证实‘人’的理想，即必须放弃当前唯‘神’，方能得到的一切。热情能给人兴奋，也给人一种无可形容的疲倦。尤其是在‘纯粹的诗’和‘活鲜鲜的人’愿望取舍上，更加累人。”“偶然”就如数年前一样，用着无可奈何的微笑，掩盖到心中受伤处，离开了我。临走时一句话不说。

我却从她沉默中，听到一种申诉：“我想去想来，我终究是个人，并非神。所以我走了。若以为这是我一点私心，这种猜测也不算错误。因为我还有我做一个人的希望。并且我明白，离开你后，在你生命中保有的印象。那么下去，不说别的，即这种印象在习惯上逐渐毁灭，对于我也受不了。若不走，留到这里算是什么？在时间交替中，我能得到些什么？我不能尽用诗歌生存下去，恰恰如你说的不能用好空气和好风景活下去一样。我是个并不十分聪明的女人，这也许正是使我把一首抒情诗当作散文去读的真正原因。我的行为并不求你原谅，因为给予的和得到的已够多，不需用这种泛泛名词来自解了。说真话，这一走，这个结论对于你也不十分坏！有个幸福的家庭，有一个——应当说有许多的‘偶然’，都在你过去生活中保留一些印象。你得到所能得到的，也给予所能给予的。尤其是在给予一切后，你反而更丰富、更充实地存在。”

于是“偶然”留下一排插在发上的玉簪花，摇摇头，轻轻地开了门，当真就走去了。其时，天落了点微雨，雨后有彩虹在天际。

我并不如一般故事上所说的身心崩毁，反而变得非常沉静。因为失去了“偶然”，我即得回了理性。我向虹起处方向走去，到了一个小小山头上。过一会儿，残虹消失到虚无里去了，只剩余一片在变化中的云影。那条素色的虹霓，若干年来在我心上的形式，重新明明朗朗在我眼前现出。我不由得不为“人”的弱点和对于这种弱点挣扎的努力，感到一点痛苦。

“‘偶然’，你们全走了，很好。或为了你们的自觉，或为了你们的弱点，又或不过是为了生活上的习惯，既以为一走即可得到一种解放，一些新生的机缘，且可从另外人事上收回一点过去一时在我面前快乐行为中损失的尊严和骄傲，尤其是生命的平衡感和安全感的获得，在你认为必需时，不拘用什么方式走出我生命以外，我觉得都是必然的。可是时间带走了一切，也带走了生命中最光辉的青春，和附于青春而存在的羞怯的笑，优雅的礼貌，微带矜持的应付，极敏感的情分取予，以及那个肉体的完整形式，华美色泽和无比芳香。消失的即完全消失到不可知的‘过去’里了。然而却有一个朋友能在印象中保留它，能在文字中重现它……你如想寻觅失去的生命，是只有从这两方面得到，此外别无方法。你也许以为失去了‘我’，即可望得到‘明天’，但不知生命真正失去了‘我’时，失去了‘昨天’，活下来对于你是种多大的损失！”

自从“偶然”离开了我后，云南就只有云可看了。黄昏薄暮时节，天上照例有一抹黑云，那种黑而秀的光景，不免使我想起过去海上的白帆和草地上黄花，想起种种虹影和淡白星光，想起灯光下的沉默，继续沉默，想起墙壁上慢慢地移动那一方斜阳，想起瓦沟中的绿苔和细雨，微风中轻轻摇头的狗尾草……想起一堆希望，和一点疯狂，终于如何又变成一片蓝色的火焰，一撮白灰。这一切如何教育我认识生命最离奇的遇合与最高的意义。

“当前”在云影中恰恰如“过去”在海岸边，我获得了我的单独。那个失去了十年的理性，回到我身边来了。

“你这个对政治无信仰、对生命极关心的乡下人，来到城市中‘用人教育我’，所得经验已经差不多了。你比十年前稳定得多，也进步得多了。正好准备你的事业，即用一支笔来好好地保留最后一个浪漫派在二十世纪生命取予的形式，也结束了这个时代这种情感发炎的症候。你知道你的长处，即如何好好地善用长处。成功或胜利在等待你，嘲笑和失败也在等待你；但这两件事对于你都无多大关系。你只要想到你要处理的也是一种历史，属于受时代带走、行将消灭的一种人我关系的历史，你就不至于迟疑了。”

“成功与幸福，不是智士的目的，就是俗人的期望。这与我全不相干。真正等待我的只有死亡。在死亡来临以前，我也许还可以做点小事，即保留这些‘偶然’浸入一个乡下人生命中所具有的情感冲突与和谐程序。我还得在‘神’之解体的时代，重新给‘神’作一种赞颂。在充满古典庄严与雅致的诗歌失去光辉和意义时，来谨谨慎慎写最后一首抒情诗。我的妄想在生活中就见得与社会隔阂，在写作上自然更容易与社会需要脱节。不过我还年轻，世故虽能给我安全和幸福，一时还似乎不必来到我身边。我已承认你十年前的意见，即将一切交给‘偶然’和‘情感’为得计。我好像还要受另外一种‘偶然’所控制。接近她时，我能从她的微笑和皱眉中发现神；离开她时，又能从一切自然形式色泽中发现她。这也许正如你所说，因为我是个对一切无信仰的人，却只信仰‘生命’。这应当是我一生的弱点。但想想附于这个弱点下的坦白与诚实，以及对于人性细致感觉理解的深致，我知道，你是第一个就首先对于我这个弱点加以宽容了。我还需要回到海边去，回到‘过去’那个海边。至于别人呢，我知道她需要的倒应当是一个‘抽象’的海边。两个海边景物的明丽处相差不多，不同处其一或是一颗孤独的心的归宿处，其一却是热情与梦结合而为一使‘偶然’由‘神’变‘人’的家。……”

“唉，我的浮士德，你说得很美，或许也说得很对。你还年轻，至少当你被这种黯黄黄灯光所诱惑时，就显得相当年轻。我还相信这个广大的世界，尚有许多形体、颜色、声音、气味，都可以刺激你过分灵敏的官觉，使你变得真正十分年轻。不过，这是不中用的。因为时代过去了。在过去时代能激你发狂、引你入梦的生物，都在时间漂流中消失了匀称与丰腴，典雅与清芬。能教育你的，正是从过去时代培植成功的典型。时间在成毁一切，都行将消灭了。代替而来的，将是无计划、无选择随同海上时髦和政治需要繁殖的一种简单范本。在这个新的时代进展中，你是个不必要的人物了。在这个时代中，你的心即或还强健而坚韧，也只合为‘过去’而跳跃，不宜于用在当前景象上了。你需要休息休息了，因为在这个问题上徘徊实在太累。你还有许多事情可做，纵不乐成，也得守常。有些责任，即与他人或人类幸福相关的责任。你读过那本题名《情感发炎及其治疗》的奇书，还值得写成这样一本书。且不说别的，即你这种文字的格式，这种处理感觉和思想的方法，也行将成为过去，和当前体例不合了！”

“是不是说我老了？”

没有得到任何回答。

天气冷了些，桌前清油灯加了个灯头，两个灯头燃起两朵青色小小火焰，好像还不够亮。灯光总是不大稳定，正如一张发抖的嘴唇，代替过去生命吻在桌前一张白纸上。十年前写《边城》时，从槐树和枣树枝叶间滤过的阳光如何照在白纸上，恍惚如在目前。灯光照及油瓶、茶杯、银表、书脊和桌面遗留的一小滴油时，曲度相当处都微微返着一点光。我心上也依稀返着一点光影，照着过去，又像是为过去所照彻。小房中显得宽阔，光影照不及处，全是一片黑暗。

我应当在这一张白纸上写点什么？一个月来，因为写“人”，作品已第三回被扣，证明我对于大事的寻思，文字体例显然当真已与时代不大相合。因此试向“时间”追究，就见到那个“过去”。然而有些事，已多少有点不同了。

“时间带走了一切，天上的虹，或人间的梦，或失去了颜色，或改变了式样。即或你自以为有许多事尚好好保留在心上，可是，那个‘时间’在你不大注意时，却把你的心变硬了，变钝了，变得连你自己也不大认识自己了。**时间在改造一切，星宿的运行，昆虫的触角，你和人，同样都在时间下失去了固有的位置和形体。尤其是美，不能在风光中静止。人生可悯。**”

“温习过去，变硬了的心也会柔软的！到处地方都有个秋风吹上人心的时候，有个灯光不大明亮的时候，有个想向‘过去’伸手，若有所攀缘，希望因此得到一点助力，方能够生活得下去时候。”

“这就更加可悯！因为印象的温习，会追究到生活之为物，不过是一种连续的负心。凡事，无不说明忘掉比记住好。‘过去’分量若太重，心子是载不住它的。忘不掉也得勉强。这也正是一种战争！败北且是必然的结果。”

是的，这的确也是一种战争。我始终对面前那两个小小青色火焰望着。灯头不知何时开了花，“在火焰中开放的花，油尽灯熄时，才会谢落的。”

“你比拟得好。可是人不能在美丽比喻中生活下去。热情本身并不是象征，它燃烧了自己生命时，即可能燃烧别人的生命。到这种情形下，只有一件事情可做，即听它燃烧，从相互燃烧中有更新生命产生（或为一个孩子，或为一个作品）。那个更新生命，方是象征热情。人若思索到这一点，为这一点而痛苦，痛苦在超过忍受能力时，自然就会用手去剔剔你所谓要在油尽灯熄时方谢落的灯花。那么一来，灯花就被剔落了。多少人即如此战胜了自己的弱点，虽各在撤退中救出了自己，也正可见出爱情上的勇气和决心。因为不是件容易事，虽损失够多，做成功后还将感谢上帝赐给他的那点勇气和决心。”

“不过，也许在另外一时，还应当感谢上帝给了另外一个人的弱点，即您灯光引带他向过去的弱点。因为在这种弱点上，生命即重新得到了意义。”

“既然自己承认是弱点，你自己到某一时也会把灯花剔落的。”

我当真就把灯花剔落了。重新添了两个灯头，灯光立刻亮了许多。我要试试看能否有四朵灯花在深夜中同时开放。

一切都沉默了，只远处有风吹树枝，声音轻而柔。

油慢慢地燃尽时，我手足都如结了冰，还没有离开桌边。灯光虽渐渐变弱，还可以照我走向过去，并辨识路上所有和所遭遇的一切。情感似乎重新抬了头，我当真变得好像很年轻，不过我知道，这只是那个过去发炎的反应，不久就会平复的。

屋角风声渐大时，我担心院中那株在小阳春十月中开放的杏花，会被冷风冻坏。“我关心的，是一株杏花还是几个人？是几个在过去生命中发生影响的人，还是另外更多数未来的生存方式？”等待回答，没有回答。

时间证实一切，因为它改变一切。

时　间

一切存在，严格地说都需要“时间”。**时间证实一切，因为它改变一切。**气候寒暑，草木荣枯，人从生到死，都不能缺少时间，都从时间上发生作用。

常说到“生命的意义”或“生命的价值”。其实一个人活下去真正的意义和价值，不过占有几十个年头的时间罢了。生前世界没有他，他无意义和价值可言的；活到不能再活死掉了，他没有生命，他自然更无意义和价值可言。

正仿佛多数人的愚昧与少数人的聪明，对生命下的结论差不多都以为是“生命的意义同价值是活个几十年”，因此都肯定生活，那么吃，喝，睡觉，吵架，恋爱，……活下去等待死，死后让棺木来装殓他，黄土来掩埋他，蛆虫来收拾他。

生命的意义解释得即如此单纯，“活下去，活着，倒下，死了”，未免太可怕了。因此次一等的聪明人，同次一等的愚人，对生命的意义同价值找出第二种结论，就是“怎么样来耗费这几十个年头”。虽更肯定生活，那么吃，喝，睡觉，吵架，恋爱，……然而生活得失取舍之间，到底也就有了分歧。这分歧一看就明白的。大别言之，聪明人要理解生活，愚蠢人要习惯生活。聪明人以为目前并不完全好，一切应比目前更好，且竭力追求那个理想。愚蠢人对习惯完全满意，安于现状，保证习惯。（在世俗观察上，这两种人称呼常常相反，安于习惯的被称为聪明人，怀抱理想的人却成愚蠢家伙。）两种人即同样有个“怎么来耗费这几十个年头”的打算，要从人与人之间寻找生存的意义和价值，即或择业相同，成就却不相同。同样想征服颜色、线条做画家，同样想征服乐器、音声做音乐家，同样想征服木、石、铜牙及其他材料做雕刻家，甚至于同样想征服人身行为做帝王，同样想征服人心信仰做思想家或教主，一切结果都不会相同。因此世界上有大诗人，同时也就有蹩脚诗人，有伟大革命家，同时也有虚伪革命家。至于两种人目的不同，择业不同，即就更容易一目了然了。

看出生命的意义同价值，原来如此如此，却想在生前、死后使生命发生一点特殊意义和永久价值，心性绝顶聪明，为人却好像傻头傻脑，历史上的释迦、孔子、耶稣，就是这种人。这种人，或出世，或入世，或革命，或复古，活下来都显得很愚蠢，死过后却显得很伟大。屈原算得这种人另外一格，历史上这种人可并不多。可是每一时间或产生一个两个，就很像样子了。这种人自然也只能活个几十年，可是他的观念，他的意见，他的风度，他的文章，却可以活在人类的记忆中几千年。一切人生命都有时间的限制，这种人的生命又似乎不大受这种限制。

话说回来，事事物物要时间证明，可是时间本身，却又像是个极其抽象的东西，从无一个人说得明白时间是个什么样子。**时间并不单独存在。**时间无形，无声，无色，无臭。要说明时间的存在，还得回过头来从事事物物去取证。从日月来去，从草木荣枯，从生命存亡找证据。正因为事事物物都可为时间作注解，时间本身反而被人疏忽了。所以多数人提问到生命意义同价值时，没有一个人敢说“生命意义同价值，只是一堆时间”。

“前不见古人，后不见来者”，这是一个真正明白生命意义同价值的人所说的话。老先生说这话时心中的寂寞可知！能说这话的是个伟人，能理解这话的也不是个凡人。目前的活人，大家都记得这两句话，却只有那些从日光下牵入牢狱，或从牢狱中牵上刑场的倾心理想的人，最了解这两句话的意义。因为说这话的人生命的耗费，同懂这话的人生命的耗费，异途同归，完全是为事实皱眉，却胆敢对理想倾心。

他们的方法不同，他们的时代不同，他们的环境不同，他们的遭遇也不相同；相同的是他们的心，同样为人类向上、向前而跳跃。

道德既随人、随事而有变化，它即或与罪恶是两个名词，事实上就无时不可以对调或混淆。

沉　默

读完一堆从各处寄来的新刊物后，仿佛看完了一场连台大戏，留下种热闹和寂寞混合的感觉。为一个无固定含义的名词争论的文章，占去刊物篇幅不少，留给我的印象却不深。

我沉默了两年，这沉默显得近于有点自弃，有点衰老。是的。古人说，“玩物丧志”，两年来我似乎就在用某种癖好系住自己。我的癖好近于压制性灵的碇石，铰残理想的剪子。需要它，我的存在才能够贴近地面，不至于转入虚无。我们平时见什么作家搁笔略久时，必以为“这人笔下枯窘，因为心头业已一无所有”。我这支笔一搁下就是两年。我并不枯窘。泉水潜伏在地底流动，炉火闷在灰里燃烧，我不过不曾继续使用它到那个固有工作上罢了。一个人想证明他的存在，有两个方法：其一从事功上由另一人承认而证明；其一从内省上由自己感觉而证明。我用的是第二种方法。我走了一条近于一般中年人生活内敛以后所走的僻路。寂寞一点，冷落一点，然而同别人一样是“生存”。或者这种生存从别人看来叫作“落后”，那无关系。两千年前的庄周，仿佛比当时多少人都落后一点。那些善于辩论的策士，长于杀人的将帅，人早死尽了，到如今，你和我读《秋水》《马蹄》时，仿佛面前还站有那个落后的衣着敝旧，神气落拓，面貌平常的中年人。

我不写作，却在思索写作对于我们生命的意义，以及对于这个社会明天可能产生的意义。我想起三千年来许多人，想起这些人如何使用他那一只手。有些人经过一千年或三千年，那只手还依然有力量能揪住多数人的神经或感情，屈抑它，松弛它，绷紧它，完全是一只有魔力的手。每个人都是同样的一只手，五个指头，尖端缀覆个淡红色指甲，关节处有一些微涡和小皱，背面还萦绕着一点隐伏在皮肤下的青色筋络。然而有些人的手却似乎特有魔力。是不是我们每个人都可以把自己的手变成一只魔手？是不是只要我们愿意，就可以把自己一只手成为光荣的手？

我知道我们的手不过是人类一颗心走向另一颗心的一道桥梁，做成这桥梁，取材不一，也可以用金、玉、木、石（建筑或雕刻），也可以用颜色、线条（绘画），也可以用看来简单用来复杂的符号（音乐），也可以用文字，用各种不同的文字。也可以单纯进取，譬如说，当你同一个青年女子在一处，相互用沉默和微笑代替语言犹有所不足时，它的小小活动就能够使一颗心更靠近一颗心。既然是一道桥梁，借此通过的自然就贵贱不一。将军凯旋由此通过，小贩贸易也由此通过，既有人用它雕凿大同的石窟，和阗的碧玉，也就有人用它编织芦席，削刮小挖耳子。故宫所藏宋人的《雪山图》《洞天山堂》等等伟大画幅，是用手做成的。《史记》是一个人写的。《肉蒲团》也是一个人写的。既然是一道桥梁，通过的当然有各种各色的人性，道德可能通过，罪恶也无从拒绝。只看那个人如何使用它，如何善于用心使用它。

提起道德和罪恶，使我感到一点迷惑。我不注意我这只手是否能够拒绝罪恶，倒是对于罪恶或道德两个名词，想仔细把它弄清楚些。平时对于这两个名词显得异常关心的人，照例却是不甚追究这两个名词意义的人。我们想认识它，如制造燋饼人认识燋饼，到具体认识它的无固定性时，这两个名词在我们个人生活上，实已等于消灭无多意义了。文学艺术历史总是在“言志”和“载道”意义上，人人都说艺术应当有一个道德的要求，这观念假定容许它存在，创作最低的效果，应当是给自己与他人以把握得住共通的人性，达到交流的满足，由满足而感觉愉快，有所启发，形成一种向前进取的勇气和信心。这效果的获得，可以说是道德的。但对照时下风气，造一点点小谣言，诪张为幻，通常认为不道德。然而倘若它也能给某种人以满足，也间或被一些人当作“战略运用”，看来又好像是道德的了。**道德既随人、随事而有变化，它即或与罪恶是两个名词，事实上就无时不可以对调或混淆**。一个牧师对于道德有特殊敏感，为道德的理由，终日手持一本《圣经》，到同夫人勃豀，这勃豀且起源于两人生理上某种缺陷时，对于他最道德的书，他不能不承认，求解决问题，倒是一本讨论关于两性心理如何调整的书。一个律师对于道德有他一定的提法，当家中孩子被沸水烫伤时，对于他最道德的书，倒是一本新旧合刊的《丹方大全》。若说道德邻于人类向上的需要，有人需要一本《圣经》，有人需要一本《太上感应篇》，但我的一个密友，却需要我写一封甜蜜蜜充满了温情与一点轻微忧郁的来信，因为他等待着这个信，我知道！如没多数需要是道德的，事实上多数需要的却照例是一个作家所不可能照需要而给与的。**大多数伟大作品，是因为它“存在”，成为多数“需要”，并不是因为多数“需要”，它因之“产生”**。我的手是来照需要写一本《圣经》，或一本《太上感应篇》，还是好好地回我那个朋友一封信，很明显的是，我可以在三者之间随意选择。我在选择。但当我能够下笔时，我一定已经忘掉了道德和罪恶，也同时忘了那个“多数”。

我始终不了解一个作者把“作品”与为“多数”连缀起来，努力使作品庸俗，雷同，无个性，无特性，却又希望它长久存在，以为它因此就能够长久存在。这一个观念如何能够成立？溪面群飞的蜻蜓够多了，倘若有那么一匹小生物，倦于骚扰，独自休息在一个岩石上或一片芦叶上，这休息，且是准备看一种更有意义的振翅，这休息，不十分坏。我想，沉默两年不是一段长久的时间，若果事情能照我愿意做的做去，我还必须把这份沉默延长一点。

这也许近于逃遁，一种对于多数骚扰的逃遁。人到底比蜻蜓不同，生活复杂得多，神经发达得多；也必然有反应，被刺激过后的反应；也必然有直觉，基于动物求生的直觉。但自然既使人脑子进化得特别大，好像就是凡事多想一想，许可人向深处走，向远处走，向高处走。思索是人的权利，也是人其所能生存、能进步的工具。什么人自愿抛弃这种权利，那是个人的自由，正如一个酒徒用剧烈酒精燃烧自己的血液，是酒徒的自由。可是，如果他放下了那个生存进步的工具，以为用另外一种简单方式可以生存，尤其是一个作者，一个企图用手作为桥梁，通过一种理想，希望作品存在，与肉体脱离，而还能独立存在若干年，与事实似乎不合。自杀不是求生的方式，谐俗其实也不尽是求生的方式。作品能存在，仰赖读者，然对读者在乎启发，不在乎媚悦。通俗作品能够在读者间存在的事实正多，然“通俗”与“庸俗”却又稍稍不同。无思索的一唱百和，内容与外形的一致模仿，不可避免必陷于庸俗，庸俗既不能增人气力，也不能益人智慧。在行为上，一个人若带着教训神气向旁人说：人应当用手足同时走路，因为它合乎大多数的动物本性或习惯。说这种话的人，很少不被人当作疯子。然而在文学创作上，类似的教训对作家却居然大有影响。原因简单，就是大多数人知道要出路，不知道要脑子。随波逐流容易见好，独立逆风需要魄力。

我觉得我应当努力来写一本《圣经》。这经典的完成，不在增加多数人对于天国的迷信，却在说明人力的可信，使一些有志从事写作者，对于作品之生长，多有一分知识。希望个人作品成为推进历史的工具。这工具必须如何造作，方能结实牢靠，像一个理想的工具。我预备那么写下去。第一件事每个作家先得有一个能客观看世界的脑子。可是当我想起不是这世界每个人都自愿有一个凡事能独立思考的脑子，都觉得必须有个这样脑子，进行写作，才不必依靠任何权势而依旧能存在时，我依然把笔搁下了。人间广泛，万汇难齐。沮洳是水做成的，江河也是水做成的；橘、柚宜于南国，枣、梨生长北方。万物各适其性，各有其宜。应沉默处得沉默，古人名为“顺天体道”。雄鹰只偶尔一鸣，麻雀却长日叽喳，效果不同，容易明白。各适其性，各取所需，如果在当前还许可时，我的沉默是不会妨碍他人进步，或许正有助于别一些伟大成就的。

然人能贴近生活，即俨然接近自然，成为生物之一种，从『万物之灵』回到『脊椎动物』，也可谓上帝一种巧妙安排。

长　庚

一

久不出门，天雨闷人，上街去买点书，买点杂用事物，同时也想看看人，从“无言之教”得到一点启发。街上人多如蛆，杂声嚣闹。尤以带女性的男子话语到处可闻，很觉得古怪。心想：这正是中华民族的悲剧。雄身而雌声的人特别多，不祥之至。人既雄身而雌声，因此国事与家事便常相混淆，不可分别。“亲戚”不仅在政治上是个有势力、有实力的名词，经济，教育，文学，任何一方面事业，也与“亲戚”关系特别深。“外戚”“宦官”虽已成为历史上名词，事实上我们三千年的历史，一面固可夸耀，一面也就不知不觉支配到这个民族，困缚了这个民族的命运。如今，有多少人做事不是因亲戚面子得来！有多少从政者不是用一个阉宦风格，取悦逢迎，巩固他的大小地位！这也就名为“政治”。走来走去，看到这种政治人物不少，活在这种人群中，俨若生存只是一种嘲讽。

晚上到承华圃送个朋友到医院去，闻几个“知识阶级”玩牌争吵声，热闹异常。觉人生长勤，各有其分。正如陈思王佚诗，“巢许让天下，商贾争一钱”，在争让中就可见出所谓人生两极。这两极分野，并不以教育身份为标准。换言之，就是不以识字多少或社会地位大小为标准。同为圆颅方踵，不识字、身份低的人，三年抗战中的种种表现，尽人皆知。至于有许多受过高等教育称绅士、淑女的，这种人的生活兴趣，不过同虫蚁一样，在庸俗的污泥里滚爬罢了。这种人，在滚爬中也居然掺杂泪和笑，活下来，就活在这种小小得失恩怨中，死去了，世界上少了一个“知识阶级”，如此而已。这种人照例永远还是社会中的“多数”。历史虽变，人性不变。所以屈原两千年前就有铺糟啜醨以谐俗的愤激话。这个感情丰富做人认真的楚国贤臣，虽装作世故，势不可能。众醉独醒，做人不易，到末了还是自沉清流，一死了事。人虽死了，事还是不了的。两千年后的考据家，便很肯定地说：“屈原是个疯子。政治上不得意，所以发疯自杀。”这几句话倒说明了另外一件事实，近代中国从政者自杀之少，原来政治家不得于此者还可望得于彼，所以不会疯，也从不闻自杀。可是任何时代，一个人脑子若从人事上做较深思索，理想同事实对面，神经张力逾限，稳定不住自己，当然会发疯，会自杀！再不然，他这种思索的方式，也会被人当作疯子，或被人杀头的。庄子既不肯自杀，也不愿被杀，所以宁曳尾泥涂以乐天年。同样近于自沉，即将生命沉于一个对人生轻嘲与鄙视的态度中。这态度稳定了他，救活了一条老命，多活几年，看尽了政治上得意成功人的种种，也骂尽了这种得意成功人的丑态，死去时，却得到一个“聪明人”称呼，作品且为后来道家一部重要经典。其实，两个人对于他们所熟悉的中层分子，是同样感到完全绝望的。虽然两千年来两人的作品，还靠的是这种中层分子来捧场，来欣赏，来研究。

九日

二

在乡下住，黄昏时独自到后山高处去，望天空云影，由紫转黑。天空尚净白，云已墨黑。树影亦如墨色，夜尚未来。远望滇池，一片薄烟，令人十分感动。在仙人掌做成的篱笆间，看长脚蜘蛛缀网，经营甚力，忽若有契于心。人生百年长勤，大都如是！捕蚊捉虫，其事虽小，然与生存大有关系，便自然会有意义。世界上有不少人，所思所愿，脑子中转来运去，恐怕总逃不出“果口腹”打算。所愿不多，故易满足。既能满足，即趋懒惰。读书人对学问不进步处，对人事是非好坏麻木处，对生活无可无不可处，无不是这种人得到满足以后的反应。若不明白近年来中层阶级的不振作，从此可以得到贴近事实的解释。**然人能贴近生活，即俨然接近自然，成为生物之一种，从“万物之灵”回到“脊椎动物”，也可谓上帝一种巧妙安排。**上帝知道，世人所谓得失哀乐，离我多远！

住小楼上，半夜闻山中狼嗥。在窗口见一星子，光弱而美，如有所顾盼。耳目所接，却俨然比若干被人称为伟人功名巨匠作品留给我的印象，清楚深刻得多。

十七日

三

得××来信说：“从最近文章看来，你近来生活似乎十分消沉，值得同情。”回信告她说：“不用同情。”我人并没有衰老，何尝消沉？唯沉默已久，分析一番，也只是人太年轻一点，必然现象。我正感觉楚人血液给我一种命定的悲剧性。生命中储下的决堤溃防潜力太大、太猛，对一切当前存在的“事实”“纲要”“设计”“理想”，都找寻不出一点证据，可证明它是出于这个民族最优秀头脑与真实情感的产物。只看到它完全建筑在少数人的霸道无知和多数人的迁就虚伪上面。政治、哲学、文学、美术，背面都给一个“市侩”人生观在推行。由于外来现象的困缚，与一己信心的固持，我无一时不在战争中，无一时不在抽象与实际的战争中，推挽撑拒，总不休息。沉默正是这战争的发展。古人说，“三十而立，四十而不惑”，我的年龄恰恰在两者之间。一年来战争的结果，感觉生命已得到了稳定，生长了一种信心。相信一切由庸俗腐败小气自私市侩人生观建筑的有形社会和无形观念，都可以用文字作为工具，去摧毁重建。

从五四到如今，廿年来由于这个工具的误用与滥用，在士大夫新陈代谢情形中，进步和退化现象，都明明白白看得出。其属于精神堕落处，正由于工具误用，在受过高等教育的公务员中，就不知不觉培养成一种阉宦似的阴性人格，以阿谀作政术，相互竞争。这相互竞争的结果，在个人功名事业为上升，在整个民族向上发展即受妨碍。同时，在专家或教育界知识分子中，则造成一种麻木风气。任何人都知道这么拖下去不成，可是还是一事不做，坐以待毙。麻木风气表现于个人性格上，大家都只图在窄小人圈子里独善其身，把所学一切只当成换吃换喝工具，别的毫无意义。这些人生存的意义既只是养家活口，因此凡一切进步理想，都不能引起何等良好作用，只要同他们当前生活略为冲突时，还总不免要想方设法加以抵制。观念的凝固，无形中即助长恶势力的伸张，与投机小人的行险侥幸。我因此感到，工具使用的方式，实在是一件大事，值得严肃谨慎来检校一番。

其次，看看二十年来用文字作工具，使这个民族自信心的生长，有了多少成就。从成就上说，便使我相信，经典性作品的产生，不是不可能的。但这种新作品的产生，还待多数从各方面来努力。这努力的起始，是有识者将写作的专利，从少数“职业作家”独占情形下解放，另外从一个更宽广的社会中去发现作家，鼓励作家，培养作家。

又其次是经典性新作品的原则，当从一个崭新观点去建设这个国家有形社会和无形观念。尤其是属于做人的无形观念重要。勇敢与健康，对于更好的明天或未来人类的崇高理想的向往。为追求理想，牺牲心的激发……更重要点是从生物学新陈代谢自然律上，肯定人生新陈代谢之不可免，由新的理性产生“意志”，且明白种族延续、国家存亡全在乎“意志”，并非东方式传统信仰的“命运”。用“意志”代替“命运”，把生命的使用，在这个新观点上变成有计划而能具连续性，是一切新经典的根本。

从五四到今年正好二十周年，一个人刚刚成熟的年龄。修正这个运动的弱点，发展这个运动长处，再来个二十年努力，是我们的责任，也是我们的权利。两年来的沉默，得到那么一个结论：屈原的愤世，庄周的玩世，现在是不成了。“理性”在活生生的人事中培养了两千年，应当有了些进步。生命的意义，若同样是与愚迷战争，它使用的工具，仍离不了文学，这工具的使用方法，值得我们好好地来思索思索。

廿二日

必拥有知识才得人尊敬，必拥有文物才足以刺激后来者怀古感情，因而寄希望于未来。

北平的印象和感想

——油在水面，就失去了黏腻性质，转成一片虹彩，幻美悦目，不可仿佛。人的意象，亦复如是。有时平匀敷布于岁月时间上，或由于岁月时间所做成的幕景上，即成一片虹彩，具有七色，变易倏忽，可以感觉，不易揣摩。生命如泡沤，如露亦如电，唯其如此，转令人于生命一闪光处，发生庄严感印。悲悯之心，油然而生。

十月已临，秋季行将过去。迎接这个一切沉默但闻呼啸的严冬，多少人似乎尚毫无准备。从眼目所及说来，在南方有延长到三十天的满山红叶、黄叶，满地露水和白霜。池水清澄明亮，如小孩子眼睛。一些上早学的孩子，一面走，一面哈出白气，两只手玩水、玩霜，不免冻得红红的。于是冬天真来了。

在北方则大不相同。一星期狂风，木叶尽脱，只树枝剩余一二红点子，挂枝柿子和海棠果，依稀还留下点秋意。随即是负煤的脏骆驼，成串从四城涌进。从天安门过身时，这些和平生物可能抬起头，用那双忧愁小眼睛望望新油漆过的高大门楼，容许发生一点感慨，

"你东方最大的一个帝国，四十年，什么全崩溃下来了。这就是只重应付现实、缺少高尚理想的教训，也就是理想战胜事实的说明，而且适用于任何时代、任何民族。后来者缺少历史知识，还舍不得这些木、石、砖、瓦堆积物，重新装饰它们，用它们来点缀政治，这有何用？……"也容许正在这时，忽然看到那个停在两个大石狮子前面的一件东西，八个或十个轮子，结结实实，一个钢铁管子，斜斜伸出。这一切，虽用一片油布罩上，这生物可明白，那是一种力量；另外一种事实——用来屠杀中国人的美国坦克。到这时，感慨没有了。怕犯禁忌似的，步子一定快了一点，出月洞门，转过南池子，它得上那个大图书馆卸煤！还有那个供屠宰用的绵羊群，也挤挤挨挨向四城拥进。说不定在城门洞前时，正值一辆六轮大汽车满载新征发的壮丁由城内驶出来。这一进一出，恰证实古代哲人一生用千言万语也说不透彻的"圣人不仁"和"有生平等"——于是冬天真来了。

就在这个时节，我回到了一别九年的北平。心情和二十五年前初到北京下车时相似而不同。我还保留二十岁青年初入百万市民大城的孤独心情在记忆中，还保留前一日南方的夏天光景在感觉中。这两种绝不相同的成分，为一个粮食杂货店中收音机放出的京戏给混合了，第一眼却发现北平的青柿和枣子已上市，共同搁在一辆手推货车上，推车叫卖的"老北京"已白了头。在南方，时常听人做新八股腔论国事："此后南京是政治中心，上海是商业中心，北平是文化中心。"话说得虽动人，并不可靠。政治中心照例拥有权势，商业中心照例拥有财富，这个我相信。因为权势和财富都可以改作"美国"，两个中心原来就和老米不可分！至于文化中心，必拥有知识才得人尊敬，必拥有文物才足以刺激后来者怀古感情，因而寄希望于未来。北平的知识分子的确不少，但是北平城既那么高，每个人家的墙壁照例又那么厚，知识能否流注交换，能否出城，不免令人怀疑。历史的庄严伟大，在北平文物上，即使不曾保留全部，至少还保留了一部分。可是这些保留下来的，能不能激发一个中国年轻人的生命热忱，或一种感印、思索，引起他对祖国过去和未来一点深刻的爱？能不能由于爱，此后即活得更勇敢些，坚实些，也合理些？若所保留下来的庄严伟大和美丽，缺少对于活人的教育作用，只不过供游人赏玩，供党国军政要人宴客开会，北平的文物，作用也就有限。给予多数人的知识，不过是让人知道前一代满人统治的帝国，奴役人民三百年，用人民血汗建筑有多大的花园，多大的庙宇宫殿，此外实在毫无意义可言。一个美国游览团的团员，具有调查、统治中国兴趣的美国军官眷属，格利佛老太太，阿丽思小姐，可以用它来平衡《马可孛罗游记》所引起她灵魂骚乱的情感。一个中国人，假如说，一个某种无知自大的中国人，不问马伕或将军，他也许只会觉得他占领、征服了北京城，再也不会还想到他站到的脚下，还有历史。在一个虽有历史却无从让许多人明白历史的情形下，北平的文化价值，如何使中国人对之表示应有的关心、尊敬和重视，北平有知识的人、教育人的人，实值得思索，值得重新思索，北平的价值和意义，似乎方有希望让人稍稍明白！

北平入秋的阳光，事实上也就可以教育人。从明朗阳光和澄蓝天空中，使我温习起住过近十年的昆明景象。这时节的云南，雨季大致已经过去，阳光同样如此温暖美好，然而继续下去，却是一切有生机的草木枯死。我奇怪北平八年的沦陷，加上种种新的忌讳，居然还有成群白鸽，敢在用蓝天作背景寒冷空气中自由飞翔。微风刷动路旁的树枝，卷起地面落叶，窸窸窣窣，如对于我的疑问有所回答："凡是在这个大城上空绕绕大小圈子的自由，照例是不会受干涉的。这里原有充分的自由，犹如你们在地面，在教室或客厅中……""你这个话可是存心有点……""不，鲁迅早死了。讽刺和他同时死去了已多年。"可是你必然完全同意我说及的事实。这个想象的对话很怪，我疑心有人窃听。试各处看看，没有一个人。街上到处走的，是另外一种人。我起始发现满街每个人家屋檐下的一面国旗，提醒我这是个节日，问铺子里人，才知悉和尊师重道有关，当天举行八年来第一回的祭孔大典。全国将在同一日举行这个隆重典礼。我重新想起苏州平江府那个大而荒凉的文庙，这一天，文庙两廊豢养的几十匹膘壮日本军马，是不是暂时会由那一排看马的病兵牵出，让守职二十年饿得瘦瘪瘪的苏中、苏小那一群老教师，也好进孔庙行个礼，且不至于想到用讲堂作马厩而情感脆弱露出酸态？军马即可暂时牵出，正殿上那些无法计数、身份不明的蝙蝠，又如何处理？中国孔庙廊庑用来养马的，一定不止平江府，曲阜那一座可能更甚。这也正说明，北平、南京，师道在仪式上虽被尊敬，其他地方的教师，却仍在军马与蝙蝠之中讨生活，其无从生活也可想而知。

我起始在北平市大街上散步。想在地面发现一二种小小虫蚁，具有某种不同意志，表现到它本身奇怪造型上，斑驳色彩上，或飞鸣宿食性情上。毫无满意结果。人倒很多，汽车，三轮车，洋车，自行车上面，都有人。街路宽阔而清洁，车辆上的人都似乎不必担心相互撞碰。可是许多人一眼看去样子都差不多，睡眠不足，营养不足。吃得胖胖的特种人物，包含伟人和羊肉馆掌柜，神气之间即有相通处。俨然已多少代都生活在一种无信心，无目的，无理想情形中，脸上各部官能因不曾好好运用，都显出一种疲倦或退化神情。另外一种，即是油滑，市侩、乡愿、官僚、侦探特有的装作憨厚混合谦虚的油滑。他也许正想起从什么三郎小村转手的某注产业的数目，他也许正计划如何用过去与某某有田、有岛活动的方式又来参加什么文化活动，也许还得到某种新的特许……然而从深处看，这种人却又一律有种做人的是非与义利冲突，羞耻与无所谓冲突，而遮掩不住的凄苦表情。在这种人群中散步，我当然不免要胡思乱想。我们是不是还有方法，可以使这些人恢复正常人的反应，多有一点生存兴趣，能够正常地哭起来，笑起来？我们是不是还可望另一种人在北平市不再露面，为的是他明白羞耻二字的含义，自己再也不好意思露面？我们是不是对于那个更年轻的一辈，从孩子时代起始，在教育中应加强一点什么成分，如营养中的维他命，使他们生长中的生命，待发展的情绪，得到保护，方可望能抗抵某种抽象恶性疾病的传染，方可望于成年时能对于腐烂人类灵魂的事事物物，能有一点抵抗力？

我们似乎需要“人”来重新写作“神话”。这“神话”，不仅是综合过去人类的抒情幻想与梦，加以现世成分重新处理，还应当综合过去人类求生的经验，以及人类对于“人”的认识，为未来有所安排，有个“明天”威胁他，引诱他。也许教育这个坐在现实滚在现实里的多数，任何神话都已无济于事。然而还有那个在生长中的孩子群，以及从国内各地集中在这个大城的青年学生群，很显明的事，即得从宫殿、公园、学校中的图书馆或实验室以外，还要点东西，方不至于为这个大城中的历史暮气与其他新的有毒不良气息所中，失去一个中国人对人生向上应有的信心，要好好地活也能够更好地活的信心！**在某种意义上说来，这个“信心”更恰当名称或叫作“野心”**。即寄生于这一片黄土上年轻的生命，对社会重造、国家重造应有的野心。若事实上教书的，做官的，在一切社会机构中执事服务的，都害怕幻想，害怕理想，认为是不祥之物，绝不许与现实生活发生关系时，北平的明日，真正对人民的教育，恐还需要寄托在一种新的文学运动上。文学运动将从一更新的观点起始，来着手，来展开。

想得太远，路不知不觉也走得远了些。一下子我几乎撞到一个拦路电网上。你们可曾想得到，北平目前还有什么地方没有不固定性的铁丝网点缀胜利一年后的古城？

两个人起始摸我的身上。原来是检查。从后方昆明来的教师，似不必需要人用这种不愉快的按摩表示敬意。但我不曾把我身份说明，因为这是个尊师重道的教师节，免得在我这个“复杂”头脑和另一位“统一”头脑中，都要发生混乱印象。

好在我头脑装的虽多，身上带的可极少，所以一会儿即通过了。回过头看看时，正有两个衣冠整齐的绅士下车等待检查，样子谦和而恭顺。我知道这两位近十年中一定不曾离开北京，因为困辱了十年，已成习惯，容易适应。

北平的冬天来了，许多人都担心御寒的燃料会有问题。然而，北平十分严重地缺少的，不仅仅是煤。煤只能暖和身体，却无从暖和这个大城市中过百万人的疲惫僵硬的心！我们可曾想到，在一些零下三十度的地方，还有五十万人在冰天雪地中打仗？虽说那是离北平城很远很远地方的事，却是一件真实事，发展下去，可能有二十万壮丁的伤亡，千百万人民的流离转徙，比缺煤升火炉严重得多！若我们住在北平城里的读书人，能把缺煤升大火炉的忧虑，转而体会到那零下三十度的地方战事如何在进行，到十二月我们的课堂即再冷一些，年轻学生也不会缺课，或因缺少火炉而生埋怨。因为读书人纵无能力制止这一代战争的继续，至少还可以鼓励更年轻一辈，对国家有一种新的看法，到他们处置这个国家一切时，绝不会还需要用战争来调整冲突和矛盾！如果大家苦熬了八年回到了北平，连这点兴趣也打不起，依然只认为这是将军、伟人、壮丁、排长的事情，和自己全不相干，很可能我们的儿女，就免不了会有一天以此为荣，参加热闹。为人父或教人子弟的，实不能不把这些事想得远一点，深一点！

骤然而来的风雨，说不定会把许多人的高尚理想，卷扫摧残，弄得无踪无迹。然而一个对于人类前途的热忱，和工作的虔敬态度，是应当永远存在，且必然能给后来者以极大鼓励的！……

一个传奇的本事

我情感流动而不凝固，一派清波给予我的影响实在不小。我幼小时较美丽的生活，大都不能和水分离。我受业的学校，可以说永远设在水边。我学会思索，认识美，理解人生。水对于我有极大关系。

——《自传》

水和我的生命不可分，教育不可分，作品倾向不可分。这不仅是二十岁以前的事情。即到厌倦了水边城市流宕生活，改变计划，来到住有百万市民的北平，饱受生活的折磨，坚持抵制一切腐蚀，十分认真阅读那本抽象“大书”第二卷，告了个小小段落，转入几个大学教书时，前后二十年，十分凑巧，所有学校又都恰好接近水边。我的人格发展，和工作的动力，依然还是和水不可分。从《楚辞》发生地，一条沅水上下游各个大小码头，转到海潮来去的吴淞江口，黄浪浊流急奔而下直泻千里的武汉长江边，天云变幻碧波无际的青岛大海边，以及景物明朗民俗淳厚沙滩上布满小小螺蚌残骸的昆明滇池边。三十年来，水永远是我的良师，是我的净友，给我用笔以不同的启发。这份离奇教育，并无什么神秘性，却不免富于传奇性。

水的德性为兼容并包，从不排斥拒绝不同方式浸入生命的任何离奇不经事物，却也从不受它的玷污影响。水的性格似乎特别脆弱，且极容易就范。其实则柔弱中有强韧，如集中一点，即涓涓细流，滴水穿石，却无坚不摧。水教给我黏合卑微人生的平凡哀乐，并做横海扬帆的美梦，刺激我对于工作永远的渴望，以及超越普通个人功利得失，追求理想的热情洋溢。我一切作品的背景，都少不了水。我待完成的主要工作，将是描述十个水边城市平凡人民的爱恶哀乐。在这个变易多方、取予复杂的社会中，宜让头脑灵敏、身心健全的少壮，有机会驾着最新式飞机向天上飞，从高度和速度上打破纪录，成为《新时代画报》上的名人。且尽那些马上得天下还想马上治天下的英雄伟人，为了寄生细菌的巧佞和谎言，繁殖迅速，不多久，都能由雕刻家设计，为安排骑在青铜熔铸的骏马上，和个斗鸡一样，在仿佛永远坚固磐石作基础的地面，给后人瞻仰。可是不多久，却将在同地震、海啸相近而来的地覆天翻中，只剩余一堆残迹，供人凭吊。也必然还有那些各式各样精通“世故哲学”的“命世奇才”应运而生，在无帝王时代，始终还有做“帝王师”的机会，各有攸归，各得其所。我要的却只能再好好工作二三十年，完成学习用笔过程后，还有机会得到写作上的真正自由，再认真些写写那些生死都和水分不开的平凡人、平凡历史。这个分定对于我，像是生存唯一的义务，无从拒绝。因为这种平凡的土壤，却孕育了我，发展了我的生命，体会经验到一点不平凡的人生。

我有一课水上教育受得极离奇，是二十七年前在常德府那半年流荡。这个城市地图上看即可知，接连洞庭，贯串黔川，扼住湘西的咽喉，是一个在经济上、军事上都不可忽略的城市。城市的位置似乎浸在水中或水下，因为每年有好几个月城四面都是一片大水包围，水线有时比城中民房还高。保护到十万居民不至于成为鱼、鳖，全靠上游四十里几道坚固的长堤，和一个高及数丈的砖砌大城。常德沿河有四个城门，计西门、上南门、中南门、下南门。城门外有一条延长数里的长街，上边一点是年有百十万担“湖莲”的加工转口站。此外，卖牛肉、狗肉，开染坊、糖坊，和收桐油、朱砂、水银、白蜡、生漆、五倍子的大小庄号，生产出售水上人所不可少的竹木圆器及大小船只上所必需的席棚、竹缆、钢钻头、大小铁锚杂物店铺，在这条河街上都占有一定的地位，各有不同的处所。最动人的是那些等待主顾、各用特制木架支撑，上盖罩棚，身长五七丈的大木桅，和仓库堆店堆积如山的做船帆用的厚白帆布，联想到它们在“扬扬万斛船，影若扬白虹”三桅五舱大船上应用时的壮观景象和伟大作用，不觉更令人神往倾心。

这条河街某一段是什么样子，有什么东西，发出什么不同气味，到如今我始终还记得清清楚楚。这个城市在经济上和军事上都有其重要意义，因此抗日战争末两年，最激烈的一役，即中外报刊记载所谓“中国谷仓争夺战”的一役中，十万户人家终于在所预料情形下，完全毁于炮火中。沅水流域竹木原料虽特别富裕，复兴重建也必然比中国任何一地容易。不过那个原来的水上美丽古典城市，有历史性市容，有历史性人事，就已早于烈烈火焰中消失，后来者，除了从我过去作的简单叙述，还能得到个大略印象，此外再也无从寻觅了。有形的和无形的都一律毁掉了。然而有些东西，却似乎还值得用少量文字或在多数人情感中保留下来，对于明日社会重造工作上，有其长远的意义。

常德既是延长千里一条沅水和十来条支流十多个县份百数十万人民生产竹、木、油、漆、棉、麻、烟草、药材原料的集中站，及东南沿海鱿鱼、海带、淮盐及一切轻工业品货物向上转移的总码头，船只向上可达川东、黔东，向下毗连洞庭、长江，地方人事自然也就相当复杂。城门口照例有军事机关和税收机关各种堂皇布告，同时也有当地党部无效果的政治宣传品，和广东、上海药房出卖壮阳、补虚伪药，及“活神仙”“王铁嘴”一类看相算命骗人的各种广告，各自占据城墙一部分。这几乎也是全国同类城市景象。大街上多的是和商品转销有关的接洽事务的大小老板、伙计忙匆匆地来去，更多的是经营最古职业的人物，这些人在水上虽各有一定住处，在街上依然随地可以碰到。责任大，工作忙，性质杂，人数多，真正在维持这个水边城市的繁荣，支配一切活动的，还是水上那几千只大小船只和那几万驾船人。其中“麻阳佬”占比例特重。这些人如何使用他们各不相同、各有个性的水上工具，按照不同的行规、不同的禁忌，挣扎生活并生儿育女，我虽说不上十分清楚，却有一定常识。所以，抗战初期，写了个关于湘西问题的小书时，《常德的船》那一章，内中主要部分，便是介绍占据一条延长千里沅水的麻阳船只和驾船人的种种，在那一章小文结尾说：

常德本身也类乎一只旱船，……常德县沿沅水上行九十里，即到千五百年前武陵渔人迷路问津的桃源。……那里河上游一点，有个省立女子第二师范学校。五四运动影响到湖南时，谈男女解放，自由平等，剪发恋爱，最先提出要求并争取实现它的，就是这个学校一群女学生。

这只旱船上，不仅装了社会上几个知名人士，我还忘了提及几个女学生。这里有因肺病死去的川东王小姐，有芷江杨小姐，还有……一群单纯热情的女孩子，离开学校、离开家庭后，大都暂时寄居到这个学校里，作为一个临时跳板，预备整顿行装，坚强翅膀，好向广大社会飞去。书虽读得不怎么多，却为《新青年》一类刊物煽起了青春的狂热，带了点钱和满脑子进步社会理想和个人生活幻想，打量向北平、上海跑去，接受她们各自不同的命运。这些女孩子，和现代史的发展曾有过密切的联系。另外有几个性情比较温和稳定，又不拟做升学准备的，便做了那个女学校的教员。当时年纪大的都还不过二十来岁，差不多都有个相同社会背景，出身于小资产阶级或小官僚地主家庭，照习惯，自幼即由家庭许了人家，毕业回家第一件事即等待完婚。既和家庭闹革命，经济来源断绝，向京沪跑去的，难望有升大学机会，生活自然相当狼狈。一时只能在相互照顾中维持，走回头路却不甘心。犹幸社会风气正注重俭朴，人之师需为表率，做教员的衣着化妆品不必费钱，所以每月收入虽不多，最高月薪不过三十六元，居然有人能把收入一半接济升学的亲友。教员中有一位年纪较长，性情温和而朴素，又特别富于艺术爱好，生长于凤凰县苗乡得胜营的杨小姐，在没有认识以前，就听说她的每月收入，还供给了两个妹妹读书。

至于那时的我呢，正和一个从常德师范毕业，习音乐、美术的表兄黄玉书，一同住在常德中南门里每天各需三毛六分钱的小客栈中，说明白点，就是无业可就。表哥是随同我的大舅父从北平、天津见过大世面的，找工作无结果，回到常德等机会的。无事可做，失业赋闲，照当时称呼名为“打流”。那个“平安小客栈”对我们可真不平安！每五天必须结一回帐，照例是支吾过去。欠账越积越多，因此住宿房间也移来移去，由三面大窗的“官房”，迁到只有两片明瓦作天窗的贮物间。总之，尽管借故把我们一再调动，永不抗议，照栈规，彼此不破脸，主人就不能下逐客令。至于在饭桌边，当店东冷言冷语讥诮时，只装作听不懂，也赔着笑笑，一切用个“磨”字应付。这一点，表哥可说是已达到“炉火纯青”地步。如此这般，我们约莫支持了五个月。虽隔一二月，在天津我那大舅父照例必寄来二三十元接济。表哥的习惯爱好，却是扣留一部分，去城中心“稻香村”买一二斤五香牛肉干作为储备，随时嚼嚼解馋，最多也只给店中二十元，因此永远还不清帐。内掌柜是个猫儿脸中年妇女，年过半百还把发髻梳得油光光的，别一支翠玉搔头，衣襟纽扣上总还挂一串“银三事”，且把眉毛扯得细弯弯的，风流自赏，自得其乐，心地倒还忠厚爽直。不过有时禁不住会向五个长住客人发点牢骚，饭桌边“项庄舞剑”意有所指地说：“开销越来越大了，门面实在当不下。楼下铺子零卖烟酒点心赚的钱，全贴上楼了，日子偌得过？我们吃四方饭，还有人吃八方饭！”话说得够锋利尖锐。说后，见五个常住客人都不声不响，只顾低头吃饭，就和那个养得白白胖胖、年纪已过十六岁的寄女儿干笑，寄女儿也只照例赔着笑笑。（这个女孩子经常借故上楼来，请大表兄剪鞋面花样或围裙上部花样，悄悄留下一包寸金糖或芙蓉酥，帮了我们不少的忙。表兄却笑她一身白得像白糖发糕，虽不拒绝芙蓉酥，可绝不要发糕。）我们也依旧装不懂内老板话中含意，只管拣豆芽菜汤里的肉片吃。可是却知道用过饭后还有一手，得准备招架对策。不多久，老厨师果然就带了本油腻腻蓝布面的账本上楼来相访，十分客气要借点钱买油盐。表兄做成老江湖满不在乎的神气，随便翻了一下我们名下的欠数，就把账本推开，鼻子嗡嗡的："我以为欠了十万八千，这几个钱算个什么？内老板四海豪杰人，还这样小气，笑话。——老弟，你想想看，这岂不是大笑话！我昨天发的那个催款急电，你亲眼看见，不是迟早三五天就会有款来了吗？"连哄带吹把厨师送走后，这个一生不走时运的美术家，却向我嘘了口气说："老弟，风声不大好，这地方可不比巴黎！我听熟人说，巴黎的艺术家，不管做什么都不碍事。有些人欠了二十年的房饭账，到后来索性做了房东的丈夫或女婿，日子过得蛮好。我们在这里想攀亲戚倒有机会，只是我不大欢喜冒险吃发糕，正如我不欢喜从军一样。我们真是英雄秦琼落了难，黄骠马也卖不成！"于是学成家乡老秀才拈卦吟诗哼着："风雪满天下，知心能几人？"

我心想，怎么办？表兄常说笑话逗我，北京戏院里梅兰芳出场前，上千盏电灯一熄，楼上下包厢里，到处是金刚钻、耳环、手镯闪光，且经常有阔人掉金刚钻首饰。上海坐马车，马车上也常有洋婆子、贵妇人遗下贵重钱包，运气好的一碰到即成富翁。即或真有其事，远水哪能救近火？还是想法对付目前，来一个"脚踏西瓜皮"

溜了吧。至于向什么地方溜，当时倒有个方便去处。坐每天两班的小火轮，上九十里的桃源县找贺龙。因为有个同乡向英生，和贺龙是把兄弟，夫妻从日本留学回来，为人思想学问都相当新，做事非“知事”“道尹”不干，同乡人都以为“狂”，其实人并不狂。曾做过一任知县，却缺少处理行政能力，只想改革，不到一年，却把个实缺被自己的不现实理想革掉了。三教九流都有来往，长住在城中春申君墓旁一个大旅馆里，总像还吃得开，可不明白钱从何来。这人十分热忱，写了个信介绍我们去见贺龙。一去即谈好，表示欢迎，表兄做十三元一月的参谋，我做九元一月的差遣，还说：“码头小，容不下大船，只要不嫌弃，留下暂时总可以吃吃大锅饭。”可是，这时正巧我们因同乡关系，偶然认识了那个杨小姐，两人于是把“溜”字水旁删去，依然“留”下来了。桃源的差事也不再加考虑。

表兄既和她是学师范美术系的同道，平时性情洒脱，倒能一事不做，整天自我陶醉地唱歌。长得也够漂亮，特别是一双乌亮大眼睛，十分魅人。还擅长用通草片粘贴花鸟草虫，做得栩栩如生，在本县同行称第一流人才。这一来，过不多久，当然彼此就成了一片火，找到了热情寄托处。

自从认识了这位杨小姐后，一去那里，必然坐在学校礼堂大风琴边，一面弹琴，一面谈天。我照例乐意站在校门前欣赏人来人往的市景，并为二人观观风。学校大门位置在大街转角处，两边可以看得相当远。到校长老太太来学校时，经我远远望到，就进去通知一声，里面琴声必然忽高起来。老太太到了学校，却照例十分温和，笑笑地说：“你们弹琴弹得真不错！”表示对于客人有含蓄的礼貌。客人却不免红红脸。因为“弹琴”和“谈情”字音相同，老太太语意指什么虽不分明，两人的体会却深刻得多。

每每回到客栈时，表哥便向我连作了十来个揖，要我代笔写封信，他却从从容容躺在床上哼各种曲子，或闭目养神，温习他先前一时的印象。信写好念给他听听，随后必把大拇指翘起来摇着，表示感谢和赞许。

“老弟，妙，妙！措辞得体，合适，有分寸，不卑不亢。真可以上报！”

事实上呢，我们当时只有两种机会上报，即抢人和自杀。但是这两件事都和我们兴趣理想不大合，当然不曾采用。至于这种信，要茶房送，有时茶房借故事忙，还得我代为传书递柬。那女教员有几次还和我讨论到表哥的文才，我只好支吾过去，回客栈谈起这件事，表兄却一面大笑一面肯定地说：“老弟，你看，我不是说可以上报吗？”我们又支持约两个月，前后可能写了三十多次来回信，住处则已从有天窗的小房间迁到茅房隔壁一个特别小间里，人若气量窄，情感脆弱，对于生活前途感到完全绝望，上吊可真方便。我实在忍受不住，有一天，就终于抛下这个表兄，随同一个头戴水獭皮帽子的同乡，坐在一只装运军服的“水上漂”，向沅水上游保靖漂去了。

三年后，我在北平知道一件新事情，即两个小学教员已结了婚，回转家乡同在县立第一小学服务。这种结合由女方家长看来，必然不会怎么满意。因为表哥祖父黄河清，虽是个贡生，看守文庙做“教谕”，在文庙旁家中有一栋自用房产，屋旁还有株三人合抱的大椿木树，著有《古椿书屋诗稿》。为人虽在本城受人尊敬，可是却十分清贫。至于表哥所学，照当时家乡人印象，作用地位和“飘乡手艺人”或“戏子”相差并不多。一个小学教师，不仅收入微薄，也无什么发展前途。比地方传统带兵的营连长或参谋副官，就大大不如。不过，两人生活虽不怎么宽舒，情感可极好。因此，孩子便陆续来了，自然增加了生计上的麻烦。好在小县城，收入虽少，花费也不大，又还有些做上中级军官或县长、局长的亲友，拉拉扯扯，日子总还过得下去。而且肯定精神、情绪都还好。

再过几年，又偶然得家乡来信，说大孩子已离开了家乡，到福建厦门集美一个堂叔处去读书。从小即可看出，父母爱好艺术的长处，对于孩子显然已有了影响。但本地人性情上另外一种倔强自恃，以及潇洒超脱不甚顾及生活的弱点，也似乎被同时接收下来了。所以在叔父身边读书，初中不到二年，因为那个艺术型发展，不声不响就离开了亲戚，去阅读那本“大书”，从此就于广大社会中消失了。计算岁月，年龄已到十三四岁。照家乡子弟飘江湖奔门路老习惯，已并不算早。教育人家子弟的即教育不起自己子弟，所以对于这个失踪的消息，大致也就不甚在意。

一九三七年抗战后十二月间，我由武昌上云南，路过长沙时，偶然在一个本乡师部留守处大门前，又见到那表兄，面容憔悴蜡渣黄，穿了件旧灰布军装，倚在门前看街景，一见到我即认识，十分亲热地把我带进了办公室。问问才知道，因为脾气与年轻同事合不来，被挤出校门，失了业。不得已改了业，在师部做一名中尉办事员，办理散兵、伤兵收容、联络事务。大表嫂还在沅陵酉水边“乌宿”附近一个村子里教小学。大儿子既已失踪，音信不通。二儿子十三岁，也从了军，跟人做护兵，自食其力。还有老三、老五、老六，全在母亲身边混日子。事业不如意，人又上了点年纪，常害点胃病，性情自然越来越加拘迂。过去豪爽洒脱处，早完全失去，只是一双浓眉下那双大而黑亮有神的眼睛还依然如旧，也仍然欢喜唱歌。邀他去长沙著名的“李合盛”吃了一顿生炒牛肚子，才知道已不喝酒。问他还吸烟不吸烟，就说：“不戒自戒，早已不再用它。”可是我发现他手指黄黄的，知道有烟吸还是随时可以开戒。他原欢喜吸烟，且很懂烟品好坏。第二次再去看他，带了别的同乡送我的两大木盒吕宋雪茄烟去送他。他见到时，憔悴焦黄脸上露出少有的欢喜和惊讶，只是摇头，口中低低地连说：“老弟，老弟，太破费你了，太破费你了。不久前，我看到有人送老师长这么两盒，美国大军官也吃不起！”

我想提起点旧事使他开开心，告他：“还有人送了我一些什么‘三五字’‘大司令’，我无福享受，明天全送了你吧。我当年一心只想做个开糖坊的女婿，好成天有糖吃。你看，这点希望就始终不成！”

“不成功！人家都说你为我们家乡争了个大面子，赤手空拳打天下，成了名作家。也打败了那个只会做官、找钱，对家乡青年毫不关心的熊凤凰。什么凤凰？简直是只阉鸡，只会跪榻凳，吃太太洗脚水，我可不佩服！你看这个！”他随手把一份当天长沙报纸摊在桌上，手指着本市新闻栏一个记者对我写的访问记，“老弟，你当真上了报，人家对你说了不少好话，比得过什么什么大文豪！”

我说：“大表哥，你不要相信这些逗笑的话。一定是做新闻记者的学生写的。因为我始终只是个在外面走码头的人物，底子薄，又无帮口，在学校里混也混不出个所以然的。不是抗战，还回不了家乡，熟人听说我回来了，所以表示欢迎。我在外面只有点虚名，并没什么真正成就的。……我倒正想问问你，在常德时，我代劳写的那些信件，表嫂是不是还保留着？若改成个故事，送过上海去，换二十盒大吕宋烟，还不困难！”

想起十多年前同在一处的旧事，一切犹如目前，又恍同隔世。两人不免相对沉默了一会，后来复大笑一阵，把话转到这次战争的发展和家乡种种了。随后，他又陪我去医院看望受伤的同乡官兵。正见我弟弟刚出医院，召集二十来个行将出院的下级军官，在院前小花园和他们谈话，彼此询问一下情形；并告给那些伤愈连长和营副，不久就要返回沅陵接收新兵，作为“荣誉师”重上前线。训话完毕，问我临时大学那边有多少熟人，建议用我名分约个日子，请吃顿饭，到时他来和大家谈谈前方情况。邀大表兄也作陪客，他却不好意思，坚决拒绝参加，只和我在另一天同上天心阁看看湘江。我们从此就离开了。

抗战到六年，我弟弟去印度受训，过昆明时，来呈贡乡下看看我，谈及家乡种种，才知道，年纪从十六到四十岁的同乡亲友，大多数都在六年里各次战役中已消耗将尽。有个麻四哥和三表弟，都在洞庭湖边牺牲了。大表哥因不乐意在师部做事，已代为安排到沅水中游青浪滩前做了一个绞船站的站长，有四十元一月。老三跟在身边，自小就会泅水，胆子又大，这个著名恶滩经常有船翻沉，老三就在滩脚伏波宫前急流漩涡中浮沉，拾起沉船中漂出无主的腊肉、火腿和其他食物。因此，父子经常倒吃得蛮好。可是一生长处既无从发挥，始终郁郁不欢，不久前，在一场小病中就过世了。

大孩子久无消息，只知道在江西战地文工团搞宣传。老二从了军。还预备把老五送到银匠铺去做学徒。至于大表嫂呢，依然在沅陵乌宿乡下村子里教小学，收入足够糊口。因为是唯一至亲，假期中，我大哥总派人接母子到沅陵“芸庐”家中度假，开学时，再送他们回学校。

照情形说来，这正是抗战以来，一个小地方、一个小家庭极平常的小故事。一个从中级师范学校毕业的女子，为了对国家、对生活还有点理想，反抗家庭的包办婚姻，放弃了本分内物质上一切应有权利，在外县做个小教员。从偶然机会里，即和一个性情还相投的穷教员结了婚，过了阵虽清苦还平静的共同生活。随即接受了“上帝”给分派的庄严任务，陆续生了一堆孩子。照环境分定，母亲的温良母性，虽得到了充分发展，做父亲的艺术禀赋，可从不曾得到好好的使用，只随同社会变化，接受环境中所能得到的那一份苦难。十年过去，孩子已生到第五个，教人子弟的，照例无从使自己子弟受教育。每个孩子在成年以前，都得一一离开家庭，自求生存，或死或生，无从过问！战事随来，可怜一份小学教师职业，还被二十来岁的什么积极分子排挤掉。只好放弃了本业，换上套拖拖沓沓旧军装，“投笔从戎”，做个后方留守处无足轻重的军佐。部队既一再整编，终于转到一个长年恶浪咆哮滩前的绞船站里做了站长，不多久，便被一场小小疾病收拾了。亲人赶来，一面拭泪，一面把死者殓入个赊借得来的小小白木棺木里，草草就地埋了。死者既已死去，生者于是依然照旧沉默寂寞生活下去。每月可能还得从正分微薄收入中扣出一点点钱填还亏空。在一个普通人不易设想的乡村小学教师职务上，过着平凡而简单的日子，等待平凡的老去，平凡的死。一切都十分平凡。不过，正因为它是千万乡村小学教师的共同命运，却不免使人感到一种奇异的庄严。

抗战到第八年，和平胜利骤然来临，暌违十年的亲友，都逐渐恢复了通信关系。我也和家中人由云南昆明一个乡村中，依旧归还到旧日的北平，收拾破烂，重理旧业。忽然有个十多年不通音问的朋友，寄了本新出的诗集。诗集中用黑、绿二色套印了些木刻插图，充满了一种天真稚气与热情大胆的混合，给我崭新的印象。不仅见出作者头脑里的智慧和热情，还可发现这两者结合时，如何形成一种诗的抒情。对于诗，若缺少深致理解，是不易做出这种明确反映的。一经打听，才知道，作者所受教育程度还不及初中二，而年龄也还不过二十来岁，完全是在八年战火中长大的。更有料想不到的巧事，即这个青年艺术家，原来便正是那一死一生黯然无闻的两个美术教员的长子。十三四岁即离开了所有亲人，到陌生而广大世界上流荡，无可避免的穷困，疾病，挫折，逃亡，在种种卑微工作上短时期的稳定，继以长时间的失业，如蓬、如萍的转徙飘荡，到景德镇烧过瓷器，又在另一处当过做棺材的学徒。……却从不易想象学习过程中，奇迹般终于成了个技术优秀、特有个性的木刻工作者。为了这个新的发现，使我对于国家、民族，以及属于个人极庄严的苦难命运，感到深深痛苦。我真用得着法国人小说中常说的一句话："这就是人生。"当我温习到有关于这两个美术教员一生种种，和我身遇其事的种种，所引起的回忆，不免感觉到对于"命运偶然"的惊奇。

作者至今还不曾和我见过面。只从通信中，约略知道他近十年一点过去，以及最近正当成千上万"接收大员"在上海大发国难财之际，他如何也来到了上海，却和他几个同道陷于同样穷困绝望中，想工作，连购买木刻板片的费用也无处筹措。境况虽然如此，对于工作却依然充满自信和狂热，对未来有无限憧憬。摊在我面眼前的四十幅木刻，无论大小，都可见出一种独特性格，美丽中还有个深度。为几个世界上名师巨匠做的肖像木刻，和为几个现代作家、诗人做的小幅插图，都可见出作者精力弥满，设计构图特别用心，还依稀可见出父母潇洒善良的禀赋，与作者生活经验的沉重粗豪和精细同时并存而不相犯相混，两者还共同形成一种幽默的典雅。提到这一点时，作品性格鲜明的一面，事实上还有比个人禀赋更重要的因素，即所生长的地方性，值得一提。因为这不仅是两个穷教员的儿子，生长地还是从二百年设治以来，即完全在极端变态发展中一片土地，一种社会的特别组织的衍生物。

作者出身苗乡，原由"镇打营"和"篁子坪"合成的"镇篁城"。后来因镇压苗人造反，设立了个兼带兵勇的"辰沅永靖兵备道"，又添一个专管军事的镇守使，才升级成"凤凰厅"，后改"凤凰县"。家乡既是个屯兵地方，住在那个小小石城中的人，大半是当时的戍卒屯丁，小部分是封建社会放逐贬谪的罪犯（黄家人，生时姓"黄"，死后必改姓"张"，听老辈说，就是这个原因）。因此，二百年前居民即有世代服兵役的习惯，习军事的机会。中国兵制中的“绿营”组织，在近代学人印象中，早已成了历史名词。然而抗战八年，我们生长的那个小地方，对于兵役补充，尤其是下级官佐的补充，总像不成问题，就还得力于这个旧社会残余制度的便利。最初为镇压苗族造反而设治，因此到咸、同之际，曾国藩组织的湘军，“筸军”就占了一定数目，选择的对象必“五短身材，琵琶腿”，才善于挨饿耐寒爬山越岭跑长路。内中也包括部分苗族兵丁。但苗官则限制到“守备”为止。江南大营包围太平军的天京时，筸军中有一群卖柴卖草亡命之徒，曾参与过冲锋陷阵爬城之役，内中有四五人后来都因军功做了“提督军门”，且先后转成“云贵总督”。就中有个田兴恕，因教案被充军新疆，随后又跟左宗棠戴罪立功，格外著名。到辛亥革命攻占雨花台后，首先随大军入南京的一个军官，就是“爬城世家”田兴恕的小儿子田应诏。这个军官由日本士官学校毕了业，和蔡锷同期。我曾听过在蔡锷身边做参谋长的同乡朱湘溪先生说，因为田有大少爷脾气，人不中用，所以才让他回转家乡做第一任湘西镇守使。年纪还不到三十岁，却留了一小撮日本仁丹式胡子，所以本地人通叫他“田三胡子”。出于好事喜弄的大少爷脾气，这位边疆大吏，受了点日本维新变法的影响，当时手下大约还有四千绿营兵士，无意整军经武，却在练军大教场的河对岸，傍水倚山建立了座新式公园，纪念他的母亲，经常和一群高等幕僚，在那里饮酒赋诗。又还在本县城里办了个中级美术学校。因此后来本地很出了几个湘西知名的画家，此外还办了个煤矿，办了个瓷器厂，办了个洋广杂货的公司，不多久就先后赔本停业，这种种正可说明一点，即浪漫情绪在这个“爬城世家”头脑中，做成一种诗的抒情、有趣的发展。（我和永玉，都可说或多或少受了点影响。）

三十年来国家动乱，既照例以内战为主要动力，荡来荡去，形成了大小军阀的新陈代谢。这小地方却因僻处一隅，得天独厚，又不值得争夺，因之形成一个极离奇的存在。在湘西十八县中，日本士官生、保定军官团、云南讲武堂，及较后的黄埔军官学校，前后都有大批学生，同其他县份比，占人数最多。到抗战前夕为止，县城不到六千户人家，人口还不及二万，和附近四乡却保有了约二千中下级军官，和经过军训四五个师的潜在实力。由于这么一种离奇传统，一切年轻人的出路，都不免寄托在军官上。一切聪明才智及优秀禀赋，也都一律归纳吸收于这个虽庞大实简单的组织中，并陆续消耗于组织中。而这个组织于国内、省内，却又若完全孤立或游离，无所属，亦无所归。“护法”“靖国”等大规模军事战役，都出兵参加过。派兵下常、桃，抵长沙，可是战事一过，就又退还原驻防地。接田手的陈渠珍，头脑较新，野心却并不大，事实上心理上还是“孤立割据自保”占上风。北伐以前，孙中山先生曾特派代表送了个第一师长的委任状来，请了一回客，送了两千元路费。那个委任状却压在垫被下经年，毫无作用。这自然就有了问题，即对内为进步滞塞，不能配合实力做其他任何改进设计。他本人自律甚严，而且好学，新旧书都读得有一定水平，却并不鼓励部下也读书。因此，军官日多而读书人日少，必然无从应付时变，对外则保持一贯孤立状态，多误会，多忌讳，实力越来越增加，和各方面组织关系隔绝，本身实力越大，也只是越增加困难。战争来了，悲剧随来。淞沪之战展开，有个新编一二八师，属于第四路指挥刘建绪调度节制，原本被哄迫出去驻浙江奉化（后改宣城），战事一起，就奉命调守嘉善唯一那道国防线，即当时所谓“中国兴登堡防线”。（早就传说花了过百万元照德国顾问意见完成的。）当时报载，战事过于激烈，守军来不及和参谋部联络人员接头，打开那些钢骨水泥的门，即加入战斗。还以为事不可信。后来方知道，属于我家乡那师接防的部队，开入国防线后，除了从唯一留下车站的县长手中得到一大串编号的钥匙，什么图形也没有。临到天明，就会有敌机来轰炸。为敌人先头探索部队发现已发生接触时，一个少年团长方从一道小河边发现工事的位置，一面用一营人向前做突击反攻，一面方来得及顺小河搜索把上锈的铁门，次第打开，准备死守。本意固守三天，却守了足足五天。全师大部官兵都牺牲于敌人日夜不断的优势炮火中，下级干部几乎全体完事，团、营长正副半死半伤，提了那串钥匙去开工事铁门的，原来就是我的弟弟，而死去的，全是那小小县城中和我一同长大的年轻人。

随后是南昌保卫战。经补充的另一个“荣誉师”上前，守三角地的当冲处，自然不久又完事。随后是反攻宜昌，洞庭西岸荆沙争夺，洞庭南岸的据点争夺，以及长沙会战。每次硬役必参加，每役参加又照例是除了国家意识还有个地方荣誉面子问题在内，双倍的勇气使得下级军官全部成仁，中级半死半伤，而上级受伤旅、团长，一出医院就再回来补充调度，从预备师接收新兵。都明白这个消耗担负，增加地方明日的困难，却从种种复杂情绪中继续补充下去。总以为这是和日本打仗，不管如何，得打下去！迟迟不动，番号一经取消，家乡此后就再无生存可能。因此，国内任何部队都感到补充困难时，这地方却好像全无问题，到时总能补充足额，稍加训练就可重上前线，打出一定水平。就这样，一直到一九四五年底。小城市在湘西各县中，比沅水流域任何一处物价都贱，表面上可说交通不当冲要得免影响，事实上却是消费越来越少，余下一城孤儿寡妇，哪还能想到囤积居奇发国难财？每一家都分摊了战事带来的不幸，因为每一家都有子弟做下级军官，牺牲数目更吓人。我们实在不能想象一个城市把成年丁壮全部抽去，每家陆续带来一份死亡给五千少妇万人父母时，形成的是一种什么空气！但这是战争！有过二百年当兵习惯的人民，战争是什么，必然比任何人都更清楚明白。而这些人的家属子女，也必然更习惯于接受这个不幸！战争完结后，总还能留下三五十个小学教员，到子弟长大入学时，不会无学校可进！

和平来了，胜利来了，但战争的灾难可并未结束。拼补凑集居然还有一个甲种师部队，由一个从小兵做文书，转军佐，升参谋，入陆大，完全自学挣扎出来的×姓军官率领，驻防胶济线上。原以为国家和平来临，人民苦难已过，不久改编退役，正好过北平完成一个新的志愿，好好读几年书。且可能有机会和我合作，写一本小小地方历史，纪念一下这个小山城成千上万壮丁十年中如何为保卫国家陆续牺牲的情形，将比转入国防研究院工作还重要，还有意义。正可说明一种旧时代的灭亡新命运的开始，虽然是种极悲惨艰难的开始。因为除少数的家庭还保有些成年男丁，大部分却得由孤儿寡妇来自作挣扎！不意内战终不可避免，一星期前胶东一役，这个新编师却在极其暧昧情形下全部覆没。师长随之阵亡。统率者和一群干部，正是家乡人八年抗战犹未死尽的最后残余。从私人消息，方明白实由于早已厌倦这个大规模集团的自残自渎，因此厌战解体。专门家谈军略，谈军势，若明白这些青年人生命深处的苦闷，还如何正在做普遍广泛传染。尽管有各种习惯制度和小集团利害拘束到他们的行为，而且加上那个美式装备，但哪敌得过出自生命深处的另一种潜力，和某种做人良心觉醒，否定战争所具有的优势？一面是十分厌倦，一面还得接受现实，就在这么一个情绪状态下，我家乡中那些朋友亲戚，和他们的理想，三五天中便完事了。这一来，真是连根拔去，“筸军”再也不会成为一个活的名词，成为湖南人谈军事政治的一忌了。而个人想从这个野性有活力的烈火焚灼残余孤株接接枝，使它在另外一种机会下做欣欣向荣的发展、开花结果的企图，自然也随之摧毁无余。

得到这个消息时，我想起我生长那个小小山城两世纪以来的种种过去。因武力武器在手而如何形成一种自足自恃情绪。情绪扩张，头脑即如何逐渐失去应有作用，因此给人同时也给本身带来苦难。想起整个国家近三十年来的苦难，也无不由此而起。在社会变迁中，我那家乡和其他地方青年的生和死，因这生死交替于每一片土地上流的无辜的血，这血泪更如何增加了明日进步举足的困难。我想起这个社会背景发展中对青年一代所形成的情绪、愿望和动力，既缺少真正伟大思想家的引导与归纳，许多人活力充沛而常常不知如何有效发挥，结果便终不免依然一个个消耗结束于近乎周期性悲剧宿命中。任何社会重造品性重铸的努力设计，对目前情势言，甚至于对今后半世纪言，都若无益白费。而近于宿命的悲剧，却从万千挣扎求生善良本意中，做成整个民族情感凝固大规模的集团消耗，或变相自杀。直到走至尽头，才可望得到一种真正新的开始。

我也想到由于一种偶然机会，少数游离于这个共同趋势以外、恶性循环以外，由此产生的各种形式的衍化物。我和这一位年纪轻轻的木刻艺术家，恰可代表一个小地方的另一种情形：相同处是处理生命的方式，和地方积习已完全游离，而出于地方性的热情和幻念，却正犹十分旺盛，因之结合成种种少安定性的发展。但是我依然不免受另外一种地方性的局限束缚，和阴晴不定的“时代”风气俨若格格不入。即因此，将不免如其他乡人似异实同的命运，或早或迟必僵仆于另外一种战场上，接受同一悲剧性结局。至于这个更新的年轻的衍化物，从他的通信上，和作品自刻像一个小幅上，仿佛也即可看到一种命定的趋势，由强执、自信、有意的阻隔及永远的天真，共同做成一种无可避免悲剧性的将来。至于生活上的败北，尤其小焉者。

最后一点涉及作者已近于无稽预言，因此对作者也留下一点希望。倘若所谓“悲剧”实由于性情一事的两用，在此为“个性鲜明”而在彼则为“格格不入”时，那就好好地发展长处，而不必求熟悉世故哲学、事事周到或八面玲珑，来取得什么“成功”。不妨勇敢生活下去，毫无顾虑地来接受挫折，不用做得失考虑，也不必做无效果的自救。这是一个真正有良心的艺术家，有见解的思想家，或一个有勇气的战士共同的必由之路。若悲剧只小半由于本来的气质，大半实出于后起的习惯，尤其是在十年游荡中养成的生活上不良习惯时，想要保存衍化物的战斗性、持久存在与广泛发展，一种更新的坚韧素朴人生观的培育，实值得特别注意。

这种人生观的基础，应当建筑在对生命能做完全有效的控制。战胜自己被物欲征服的弱点，从克服中取得一个完全独立的人格，以及创造表现的绝对自主性起始。由此出发，从优良传统去做广泛的学习，再将传统长处加以综合，融会贯通，由于虔诚和谦虚的试探，十年二十年持久不懈，慢慢得到进展，在这种基础上，必会得到更大的成就。正因为工作真正贴近土地人民，只承认为人类多数而“工作”。不为某一种某一时的“工具”，存在于现代政治所培养的窄狭病态、自私残忍习惯空气中，或反而容易遭受来自各方面的强力压迫与有意忽视，欲得一稍微有自主性的顺利工作环境，也并不容易。但这不妨事，倘若目的明确，信心坚固，真有成就，即在另外一时，将无疑依然会成为一个时代的重要标志！如所谓“弱点”，不过是像我那种“乡下佬”的顽固拘迂做成的困难，以作者的开阔外向性的为人，必然不会得到我的悲剧性的重演。

在人类文化史的进步意义上，一个真正的伟人巨匠，所有努力挣扎的方式，照例和流俗的趣味及所悬望的目标，总不易完全一致。一个伟大艺术家或思想家的手和心，既比现实政治家更深刻，并无偏见和成见地接触世界，因此它的产生和存在，有时若与某种随时变动的思潮要求，表面或相异或游离，都极其自然。它的伟大的存在，即于政治、宗教以外，极有可能更易形成一种人类思想感情进步意义和相对永久性。虽然两者真正的伟大处，基本上也同样需要“正直”和“诚实”，而艺术更需要“无私”，比过去宗教、现代政治更无私！必对人生有种深刻的悲悯，无所不至的爱！而对工作又不缺少持久狂热和虔敬，方能够忘我与无私！宗教和政治都要求人类公平与和平，两者所用方式，却带来过封建性无数战争，尤以两者新的混合所形成的偏执情绪和强大武力，这种战争的完全结束，更无希望。过去艺术必需宗教和政治的实力扶育，方能和人民对面，因之当前欲挣扎于政治点缀性外，亦若不可能。然而明日的艺术，却必将带来一个更新的庄严课题。将宗教政治充满封建意识形成的“强迫”“统制”“专横”“阴狠”种种不健全情绪，加以完全的净化廓清，而成为一种更强有力的光明健康人生观的基础。这也就是一种“战争”，有个完全不同的含义。唯有真的勇士，敢于从使人民无辜流血以外，不断有所寻觅探索，不断积累经验和发现，来培养爱与合作种子，使之生根发芽，企图实现在人与人间建设一种崭新的关系，谋取人类真正和平与公正的艺术工作者，方能担当这个艰巨重任。这种战争，不是犹待起始，事实上随同历史发展，已进行了许多年。试看看世界上一切科学家沉默工作的建设成就和其他方式所形成的破坏状况，加以比较就可知，在中国建立一种更新的文化观和人生观，一个青年艺术家可能做的永久性工作，将从何努力着手。

这只是一个传奇的起始，不是结束。然而下一章，将不是我用文字来这么写下去，却应当是一群生气勃勃具有做真正主人翁责任感少壮木刻家和其他艺术工作者，对于这种人民苦难的现实，能做各种真正的反映。而对于造成这种种苦难，最重要的是那些妄图倚仗外来武力，存心和人民为敌，使人民流血而发展成大规模无休止的内战（又终于应合了老子所说的“自恃者灭，自胜者绝”的规律），加以“耻辱”与“病态”的标志，用百集木刻，百集画册，来结束这个既残忍又愚蠢的时代，并刻绘出全国人民由于一种新的觉悟，去合力用功，向知识进取，各种切实有用的专门知识，都各自得到合理的尊重，各有充分发展的机会，人人以驾驭钢铁、征服自然为目标，促进实现一种更新时代的牧歌。“这是可能的吗？”“不，这是必然的！”

附　记

这个小文，是抗战八年后，我回到北京不多久，为初次介绍黄永玉木刻而写成的。内中提及他作品的文字并不多，大部分谈的却是作品以外事情——永玉本人也不明白的本地历史和家中情况。从表面看来，只像“借题发挥”一种杂乱无章的零星回忆，事实上却等于把我那小小地方近两个世纪以来形成的历史发展和悲剧结局加以概括性地记录。凡事都若偶然的凑巧，结果却又若宿命的必然。如非家乡劫后残余的中年人，是不大会理解到这个小文对于家乡的意义。家乡的现实是：受历史性的束缚，使得数以万千计的有用青年，几乎全部毁灭于无可奈何的战争形成的趋势中，而知识分子的灾难，也比湘西任何一县都来得严重。写它时，心中实充满了不易表达的深刻悲痛！因为我明白，在我离开家乡去到北京阅读那本“大书”时，只不过是一个成年顽童，任何方面见不出什么才智过人。只缘于正面接受了“五四”余波的影响，才能极力挣扎而出，走自己选择的道路。大多数比我优秀得多的同乡，或以责任所在，离不开教师职务，或认为冰山可恃，乐意在那个小小的军事集团中磨混，到头来形势一有变化，几乎全部在十多年中，无例外都完结于这种新的发展变化中。

这个小文，和较前一时写的《湘行散记》及《湘西》二书，前后相距约十年，叙述方法和处理事件各不相同。前者写背景和人事，后者谈地方问题，本文却范围更小，作纵的叙述。可是基本上是相通的。正由于深深觉得故乡土地人民的可爱，而统治阶层的保守无能固步自封，在相互对照下，明日举步的困难，可以想象得到。因此把唯一转机希望，曾经寄托到年轻一代的觉醒上，影响显明是十分微弱的。因为当时许多家乡读者，除了五六人受到启发，冲出那个环境，转到北方做穷学生，抗战时辗转到了延安，一般读者相差不多，只能从我作品中留下些“有趣”印象，看不出我反复提到的“寄希望于未来”的严肃意义。本文却以本地历史变化为经，永玉父母个人及一家灾难情形为纬，交织而成一个篇章。用的彩线不过三五种，由于反复错综连续，却形成土家族方格锦纹的效果。整幅看来，不免有点令人眼目迷乱，不易明确把握它的主题寓意何在。但是一个在为“概念”“公式”所限制的读者，把眼界放宽些，或许将依然可以看出一点个人对于家乡的“黍离之思”！

在本文末尾，我曾对于我个人工作做了点预言，也可说一切不出所料。由于性格上的局限性所束缚，虽能严格律己，坚持工作，可极缺少对世事的灵活变通性。于社会变动中，既不知所以自处，工作当然配合不上新的要求，于是一切工作报废完事于俄顷，这也十分平常自然。还记得解放前付印《长河》，在题记中我就曾经说过：“横在我们面前许多事情，都不免使人痛苦，可是却不必悲观。骤然而来的风雨，说不定会把许多人的高尚理想，卷扫摧残，弄得无踪无迹。然而一个对于人类前途的热忱，和工作的虔敬态度，是应当永远存在，且必然能给后来者以极大鼓励的！……”我的作品，早在五三年间，就由印行我选集的开明书店正式通知，说是各书已过时，凡是已印、未印各书稿及纸型，全部代为焚毁。随后是香港方面转载台湾一道明白法令，更进一步，法令中指明一切已印、未印作品，除全部焚毁外，还永远禁止再发表任何作品。这倒是历史上少有的奇闻。说作品已过时，由国内以发财为主要目的商人说出，若意思其实指的是“得即早让路，免得成为绊脚石”，倒还近情合理，我得承认现实，明白此路不通，及早改业。至于台湾的禁令，则不免令人起幽默感。好像八百万美式装备，满以为所向无敌，因此坚决要从内战上见个高低的一伙，料不到终究被“小米加步枪”的人民力量打得一败涂地。还不承认是由于政治极端腐败必然的结果，却把打败仗的责任，以为是我写了点反内战小文章的原因（本文似也应包括在内），才出现这种禁令。得出这种结论，采取这种方法，是绝顶聪明，还是极端愚蠢，外人不易明白，他们自己应当心中有数。试做些分析，倒也十分有趣。中国现在有不少研究鲁迅先生的团体，谈起小说成就时，多不忘记把《阿Q正传》举例。若说真正懂得阿Q精神，照我看来，其实还应数台湾方面掌握文化大权的文化官有深刻领会。这种禁令的执行，就是最好的证明。实在说来，未免把我抬举得太高了。

至于三十多年前对永玉的预言，从近三十年工作和生活发展看来，一切当然近于过虑。永玉为人既聪敏能干，性情又开阔明朗，对事事物物反应十分敏捷，在社会剧烈变动中，虽照例难免挫折重重，但在重重挫折中，却对于自己的工作，始终充满信心，顽强坚持，克服来自内外各种不易设想的困难，从工作上取得不断的突破和进展。

生命正当成熟期，生命力之旺盛，明确反映到每一幅作品中，给人以十分鲜明印象。吸收力既强，消化力又好，若善用其所长，而又能对于精力加以适当制约，不消耗于无多意义的世俗酬酢中，必将更进一步，为国家做出更多方面贡献，实在意料中。进而对世界艺术丰富以新内容，也将是迟早间事。

明日真正的思想家，应当是个艺术家，不一定是政治家。

虹　桥

一九四一年十月十七，云南省西部，由旧大理府向××县入藏的驿路上，运砖茶、盐巴、砂糖的驮马帮中，有四个大学生模样的年轻人，各自骑着一匹牲口，带了点简单行李，一些书籍、画具，和满脑子深入边地创造事业的热情梦想，以及那点成功的自信，依附队伍同行，预备到接近藏边区域去工作。就中有三个，公立美术学校出身，已毕业了三年。刚入学校做一年级新生时，战事忽然爆发，学校所在地的北平首先陷落，于是如同其他向后方流注转徙的万千青年一样，带着战争的种种痛苦经验，以及由于国家组织上弱点所得来的一切败北混乱印象，随同学校退了又退，从国境北端一直退到南部最后一省，才算稳定下来。学校刚好稳定，接着又是太平洋各殖民地的争夺。战争扩大到印、缅、越南。敌人既一时无从再进，因之从空中来扰乱，轰炸接续轰炸。几个年轻人即在一面跑警报一面做野外写生情形中毕了业。战争还在继续进行中，事事需人工作，本来早已定下主意，一出学校就加入军队，为国家做点事。谁知军队已过宣传时期，战争不必再要图画、文字装点，一切都只像是在接受事实，适应事实。事实说来，也就是社会受物价影响，无事不见出腐化堕落的加深和扩大。因此，几个人进入了一个部队不到三个月，不能不失望退出，别寻生计。但是后方几个都市，全都在疲劳轰炸中受试验，做不出什么事业可想而知。既已来到国境南端不远，不如索性冒险向更僻区域走走。一面预备从自然多学习一些，一面也带着点儿奢望，以为在那个地方，除作画以外，还能为国家做点事。几个年轻人于是在一个地图上画下几道记号，用大理作第一站，用××作第二站，决定一齐向藏边跑去。三年前就随同一个马帮上了路，可是原来的理想虽同，各人兴趣却不一致，正因为这个差别，三个人三年来的发展，也就不大相同。各自在这片新地上，适应环境，克服困难，走了一条不同的路，有了点不同的成就。就中那个紫膛脸、扁阔下颌、肩膊宽厚、身体结实得如一头黑熊，说话时带点江北口音，骑匹大白骡子的，名叫夏蒙，算是一行四人的领队。本来在美术学校习图案画，深入边疆工作二年，翻越过三次大雪山，经过数回职业的变化，广泛地接触边地社会人事后，却成了个西南通。现在是本地武装部队的政治顾问，并且是新近成立的边区师范学校负责人之一。另外一个黑而瘦小、精力异常充沛、说话时有中州重音，骑在一匹蹦来跳去的小黑叫骡背上的，名叫李粲。二年前来到大雪山下，本预备好好地作几年风景画，到后不久即明白，普通绘画用的油蜡水彩颜料，带到这里实毫无用处。自然景物太壮伟，色彩变化太复杂，想继续用一支画笔捕捉眼目所见种种，恐近于心力白用，绝不会有什么惊人成就。因此改变了计划，用文字代替色彩，来描写见闻，希望把西南边地徐露客不曾走过的地方全走到，不曾记述过的山水风土人情，重新好好叙述一番。那么工作了一年，到写成的《西南游记》，附上所绘的速写，在国内几个大报纸上刊载，得到相当成功后，自己方发现，所经历见闻的一切，不仅用绘画不易表现，即文字所能够表现的，也还有个限度。到承认这两者都还不是理想工具时，才又调换工作方式，由描绘叙述自然的一角，转而来研究在这个自然现象下生存人民的爱恶哀乐，以及这些民族素朴热情表现到宗教信仰上和一般文学艺术上的不同形式。在西南边区最大一个喇嘛庙中，就曾住过相当时日，又随同古宗族游牧草地约半年。这次回到省中，便是和公立博物馆负责人有所接洽，拟回到边区去准备那个象形文字词典材料搜集工作的。还有一个年轻人，用牧童放牛姿势，稳稳地伏在一匹甘草黄大騲马后胯上，脸庞比较瘦弱，神气间有点隐逸味，说话中有点洛下书生味，与人应对时，有点书呆子味，这人名叫李兰。在校时，入国画系，即以临仿宋、元人作品擅长。到大雪山勾勒画稿一年后，两个同伴对面前景物感到束手，都已改弦更张，别有所事，唯有他倒似乎对于环境印象刚好能把握得住，不仅未失去绘画的狂热，还正看定了方向，要做一段长途枯寂的探险。上月带了几十幅画和几卷画稿到省中展览，得到八分成功后，就把所有收入全部购买了纸张、绢素、笔墨颜色，打量再去金沙江上游雪山下去，好好地画个十年，给中国山水画开个崭新的学习道路。第四个年纪最轻，一眼看去，不过二十二三岁，身材颀长挺拔，眉眼间却带点江南人的秀气。这人离开学生生活不过两个月，同伴都叫他小周。原本学了二年社会学，又转从农学院毕业。年事既极轻，入世经验也十分浅，这次向西部跑且系初次，因之志向就特别荒唐和伟大。虽是被姓夏的朋友邀来教书，在他脑子里，打量到的却完全近于一种抒情诗的生活梦。一些涉及深入边地冒险开荒的名人传记，和一些美国电影故事，在他记忆中综合而成的气氛，扩大加深了他此行奇遇的期待。他的理想竟可说不仅只是到边区去做知识开荒工作，还准备要完成许多更大、更困难的企图。一行中，三个人既都能作画，对风景具高度鉴赏力，几个人一路谈谈笑笑，且随时随处都可以停留下来画点画。领头的夏蒙，又因一种特殊身份，极得马帮中的信仰，大家生活习惯，又能适应这个半游牧方式。更重要的是，雨季已到尾声，气候十分晴朗，所以上路虽有了四天，大家可都不怎么觉得寂寞辛苦。照路程算来，还要三天半，他们才能达到第二个目的地。

时间约莫在下午三点半钟，一行人众到了××县，属一个山冈边，地名“十里长松”。那道向西斜上的峻坂，全是黑色岩石的堆积。从石罅间生长的松树，延缘数里，形成一带茂林。峻坂逐渐上升，直到岭尽头，树木方渐渐稀少。旧驿路即延缘这个长坂，迎着一道干涸的沟涧而上，到达分水岭时方折向北行，新公路却在冈前即转折而东绕山脚走去。当二百个马驮随着那匹负旄带铃领队大黑骡，迤逦进入松林中，沿涧道在一堆如屋、如坟奇怪突兀磐石间盘旋。慢慢地上山时，紫膛脸、阔下巴的夏蒙，记忆中忽重现出一年前在此追猎黄麂的快乐旧事，鞭着胯下的白骡，离开了队伍，从斜刺里穿越松林，一直向那个山冈最高处奔去。到上面停了一会儿，举目四瞩，若有所见，随即用着马帮头目“马锅头”制止马驮进行的招呼声：“站，站，站，咦……呷！”制止那个队伍前进。那个领队畜生，一听这种熟悉呼声，就即刻停住，不再走动，张着两个大毛耳朵，等待其他吩咐。照习惯，指挥马驮责任本来完全由“马锅头”做主，普通客人无从越俎代庖。但这位却有个特别原因。既是当地知名某司令官的贵客，又是中央机关的委员，更重要处是他对当地凡事都熟悉，不仅上路规矩十分在行，即过国境有些事得从法律以外办点特别交涉的，他也能代为接头处理。几个同伴既得随地流连，因此几天来路上的行止，就完全由他管理。“马锅头”正以能和委员对杯喝酒为得意，路上一切不过问，落得个自在清闲，在马背上吹烟管，打盹，自己放假。其时队伍一停止，这头目才从半睡盹中醒回，看看大白骡已离群上了山，赶忙追到上面去，语气中带着一分抗议三分要好攀交亲神情：

“委员，你可又要和几个老师画风景？这难道是西湖十景，上得画了吗？我们可就得在这个松树林子大石堆堆边过夜？地方好倒好，只是天气还老早啊！你看，火炉子高高地挂在那边天上，再走十里还不害事！”

话虽那么说，这个头目真正意思倒像是：“委员，你说歇下来就歇下来，你是司令官，一切由你。你们拣有山有水地方画画，我们就拣地方喝酒，松松几根穷骨头。树林子地方背风，夜里不必支帐篷，露天玩牌烧烟，不用担心灯会吹熄！”

夏蒙却像全不曾注意到这个，正把一双宜于登高望远的黄眼睛，凝得小小的，从一株大赤松树老干间向西南方远处望去。带着一种狂热和迷惑情绪，又似乎是被陈列在面前的东西引起一点混合妒忌与崇拜的懊恼，微微地笑着，像预备要那么说：“嗐，好呀！你个超凡入圣的大艺术家、大魔术家，不必一个观众在场，也表演得神乎其神，无时无处不玩得兴会淋漓！”

又若有会于心地点点头，全不理会身边的那一位。随即用手兜住嘴边，向那几个停顿在半山松石间的同伴大声呼喊：“大李，小李，小周，赶快上山来看看，赶快！这里有一条上天去的大桥，快来看！”

三匹坐骑十二个蹄子，从松林大石间一阵子翻腾跑上了山岗。到得顶上时，几个人一齐向朋友指点处望去，为眼目所见奇景，不由得不同声欢呼起来：“嗐，上帝，当真是好一道桥！”

呼声中既缺少宗教徒的虔信，却只像是一种艺术家的热情和好事者的惊讶混合物。那个马帮头目，到这时节，于是也照样向天边看看，究竟是什么桥。

“嗐，我以为什么桥，原来是一条扁担形的短虹，算哪样！”

可是知道这又是京城里人的玩意儿，这一来，不消说，必得在此地宿营了。对几个年轻人只是笑着，把那个蒲扇手伸出四个指头，向天摇着：“少见多怪！四季发财。你们好好画下来，赶明天打完了仗，带到北京城里去，逗人看西洋景！”接着也轻轻地叫了一声“耶稣”，意思倒是“福音堂的老米，耶稣大爹我认得！”借作对于那声不约而同的“上帝”表示理会与答复。不再等待吩咐，吐一口唾沫在手上搓一搓，飞奔跑下了山冈，快快乐乐地去指挥同伙卸除马驮上的盐、茶货物，放马吃草，准备宿营去了。

四个年轻人骑在马背上，对着那近于自然游戏，唯有诗人或精灵可用来作桥梁的垂虹，以及这条虹所镶嵌的背景发怔时，几个人真不免有点儿呆相。还是顶年轻活泼快乐的小周，提醒了另外三个：“你们要画下来，得赶快！你看它还在变化！”

几个人才一面笑着一面忙跳下马，从囊中取出速写册子和画具，各自拣选一个从土石间蟠曲而起的大树根边去，动手勾勒画稿。年轻的农学士无事可做，看见大石间那些紫茸茸的苔类植物，正开放白花和蓝花，因此走过去，希望弄点标本。可是不一会，即放弃了这个计划，傍近同伴身边来了。他看看这一个构图，看看那一个敷彩，又从朋友所在处角度去看看一下在变化中的山景，作为对照。且从几个朋友神色间，依稀看出了同样的意见：“这个哪能画得好？简直是毫无办法。这不是为画家准备的，太华丽，太幻异，太不可思议了。这是为使人沉默而皈依的奇迹。只能产生宗教，不会产生艺术的！”于是离开了同伴，独自走到一个大松树下去，抱手枕头，仰天躺下，面对深蓝的晴空，无边际地泛思当前的种种，以及从当前种种引起的感触。

“这不能画，可是你们还在那么认真而着急，想捕捉这个景象中最微妙的一刹那间的光彩。你即或把它保留到纸上，带进城里去，谁相信？城市中的普通人，要它有什么用？他们吃维他命丸子，看美国爱情电影，就已占据了生命的大部分。凡读了些政治宣传小册子的，就以为人生只有‘政治’重要，文学艺术无不附属于政治。文学中有朗诵诗，艺术中有讽刺画，就能够填补生命的空虚而有余，再不期待别的什么。具有这种窄狭人生观的多数灵魂，哪需要这个荒野、豪华而又极端枯寂的自然来滋润？**现代政治唯一特点是嘈杂**。政治家的梦想即如何促成多数的嘈杂与混乱，因之而证实领导者的伟大。第一等艺术，对于人所发生的影响，却完全相反，只是启迪少数的伟大心灵，向人性崇高处攀缘而跻的勇气和希望。它虽能使一个深沉的科学家进一步理解自然的奥秘与程序，可无从使习惯于嘈杂的政治家以及多数人觉得有何意义。因之近三十年来，从现代政治观和社会观培育出来的知识分子，研究农村，认识农村，所知道的，就只是农村生活贫苦的一面。一个社会学者对于农村言改造，言重造，也就只知道从财富增加为理想。过去宗教迷信对之虽已无多意义，目前政治预言对之也无从产生更多意义。增加财富固所盼望，心安理得也十分重要。城市中人既无望从文学艺术对于人生作更深的认识，也因之对农民的生命自足性，以及属于心物平衡的需要，永远缺少认识。知识分子需要一种较新的觉悟，即欲好好处理这个国家的'多数'，得重新好好地认识这个'多数'。明白他们生活上所缺乏的是什么，并明白他们生活上还需要丰富的是些什么。这也就是明日真正的思想家，应当是个艺术家，不一定是政治家的原因。政治家的能否伟大，也许全得看他能否从艺术家方面学习、认识'人'为准……"

无端绪的想象，使他自己不免有点吓怕起来了。其时，那个紫膛脸的夏蒙，也正为处理面前景物感到手中工具的拙劣，带着望洋兴叹的神气，把画具抛开，心想：

"这有什么办法？这哪是为我们准备的？这应当让世界第一流音乐作曲家，用音符和旋律来捉住它，才有希望！**真正的欣赏，应当是承认它的伟大而发呆，完全拜倒，别无一事可以做，也别无任何事情值得做。**我若向人说，两百里外，雪峰插入云中，在太阳下如一片绿玉，绿玉一旁还镶了片珊瑚红，靺鞨紫，谁肯相信？用这个远景相衬，离我身边不到两里路远的松树林子那一头，还有一截被天风割断了的虹，没有头，不见尾，只直杪杪的，如一个彩色药杵，一匹悬空的锦绮。它的存在和变化，都无可形容描绘。用什么工具来保留它，才能够把这个印象传递给别一个人？还有那左侧边一列黛色石坎，上面石竹科的花朵，粉红的、深蓝的、鸽桃灰的、贝壳紫的，完全如天衣上一条花边，在午后阳光下闪耀。阳光所及处，这条花边就若在慢慢地燃烧起来，放出银绿和银红相混的火焰。我向人去说，岂不完全是一种疯话或梦话？”

小周见到夏蒙站起身时，因招呼他说：“夏大哥，可画好了！成不成功？”

夏蒙一面向小周走来，一面笑笑地回答说：

“没有办法，不成功！你看这一切，哪是为我们绘画准备的？我正想，要好好表现它，只是找巴哈或悲多汶来，或者有点办法。可是，几个人到了这里来住上半年，什么事不会做，倒只打量到中甸喇嘛庙去做和尚，也说不定——巴哈的诚实和谦虚，很可能只有走这条路。因为承认输给自然的伟大，选这条路，表示十分合理。至于那个大额角、竖眉毛的悲多汶，由于骄傲不肯低头，或许会自杀。因为也只有自杀，才能否定个人不曾被自然的壮丽和华美征服。至于你我呢？我画不好，简直生了自己的气，所以两年前即放弃了做大画家的梦，可是间或还手痒痒的，结果又照例付之一叹而完事！你倒比我高明，只是不声不响地用沉默表示赞叹！”

“你说我？我想得简直有点疯！我想，到这里来，表示对于自然的拜倒，不否认，不抵抗，倒不一定去大庙中做喇嘛出家，最好还是近人情一点，落一个家。有了家，我还可以为这片土地做许多事！

‘认识’若有个普遍的意义，居住在这地方的人，受自然影响最深的情感，还值得我们多留点心！我奇怪，你到了这里那么久，熟人又多，且预备长远工作下去，怎不选个本地女人结婚？”

“哈哈，那你倒当真是更进一步，要用行动来表示了。机会倒多的是，不过也不怎么容易！因为这不止需要克服自己的勇气，还要一点别的。”

“你意思是不是说对于他人的了解？我刚才一个人就正在胡思乱想，想到中国当前许多问题。中国地方实在太大，人口虽不少，可是分布到各地方，就显得十分隔离。**地域的隔离还不怎么严重，重要的还是情绪的隔离**。学政治、经济的，简直不懂得占据这大片土地上四万万手足贴近泥土的农民，需要些什么，并如何来实现它，得到它。由于只知道他们缺少的是什么，全不知道他们充足的是什么，一切从表面认识，表面判断，因此国家永远是乱糟糟的。三十年改革的结果，实在只做成一件事，即把他们从田中赶出，训练他们学习使用武器，延长内战下去，流尽了他们的血，而使他们一般生活更困难，更愚蠢。我以为，思想家对于这个国家，有重新认识的必要。这点认识，是需要从一个生命相对原则上起始，由爱出发，来慢慢完成的。政治家不能做到这一点，一个文学家或一个艺术家必须去好好努力。”

“老弟，你年龄比我们小，你理想可比我们高得多！理想的实证，不是容易事。可是我相信是能用行为来实证理想的。到有一天你需要我帮忙时，我一定用行为来拥护你！”

“好，我们拍个巴掌。说话算数。”

另外两个还在作画的，其中一个李粲，本来用水彩淡淡地点染到纸上山景，到头来不能不承认失败，只好放下这个拙劣的努力，回转身，对松林、磐石黑绿错杂间卸除马驮的眼前景象，随意勾几幅小品，预备作游记插图。但是，这个工作平日虽称擅长，今天却因为还有那个马串铃在松林中流宕的情韵，感到难于措手。听到两人拍手笑语，于是放下画具向两人身边走来。

"不画了，不画了，真是一切努力都近于精力白费！我们昨天赶街子，看到那个乡下妇人，肩上一扇三十斤大磨，找不到主顾，又老老实实地背回家去，以为十分可笑。可是说得玄远一点，那个行为，和风景环境多调和！至于我们的工作，简直比那乡下婆子更可笑。我们真是勉强得很！"

小周说："可是你和小李这次在省里开的写生展览会，实在十分成功，各方面都有好评！"

李粲说："这个好评就更增加我们的惭愧。我们的玩意儿，不过是骗骗城里人，为他们开开眼界罢了。就像当前你见到的，我是老早就放弃了做画家的。去年四五月间，我和一群本地人去中甸大庙烧香，爬到山顶上一望，有十个昆明田坝大的一片草原，郁郁青青，完全如一张大绿毯子，到处点缀上一团团五色花簇，和牛群、羊群。天上一道曲虹，如一道桥梁，斜斜地挂到天尽头，好像在等待一种虔诚的攀缘。那些进香的本地人，连两个小学校长在内，一路作揖磕头。我先还只觉得可笑，到后才忽然明白一件事情，即这些人比我们活得谦卑而沉默，实在有它的道理。他们的信仰简单，哀乐平凡，都是事实。但那些人接受自然的状态，把生命谐合于自然中，形成自然一部分的方式，比起我们来赏玩风景、搜罗画本的态度，实在高明得多！我们到这里来，只有四个字可说，即少见多怪。这次到省里，×教授问我为什么不专心画画，倒来写游记文章。文章不好好地写下去，又换了个方向，弄民俗学，不经济！我告他说，×先生，你若到那儿去一年半载，你的美术史也会搁下了。我们引为自夸的艺术，人手所能完成的业绩，比起自然的成就来，算个什么呢？你若到大雪山下，看到那些碗口大的杜鹃花，完全如彩帛剪成的一样，粘在合抱粗三尺高光秃的矮桩上，开放得如何神奇，神奇中还到处可见出一点诙谐，你才体会得出'奇迹'二字的意义。在奇迹面前，最聪敏的行为，就只有沉默，崇拜。因为仿拟只能从最简陋处着手，一和自然大手笔对面，就会承认，自己能做到的实在如何渺小不足道了。故宫所藏宋人花、鸟，极有个性的数林椿，那个卷子可算得是美术史的瑰宝，但比起来未免可笑！"

紫膛脸的夏蒙，见洛下书生还不曾放下他的工作，因此向小周说：

"我们都觉得，到这里来最好是放弃了做画家的梦，学学本地人把本身化成自然一部分，生活在一幅大画图中，不必妄想白用心力。可是李大哥呢，他先是说颜色不够用，我来写吧，来把徐霞客当年不曾到过的，不曾记下的，补写一本西南游记吧。虽承认普遍颜色不够用，可并不知道文字也不大济事！到后来，游记也不写了，学考古了。上次到剑山去访古，来回八天，回丽江时，背上扛了个沉甸甸的包袱，告人说是得了宝物。我先也还以为他是到土司处得了个大金碗银藏轮。解开一看，原来是一块顽石！只因为上面刻了一个象形文字的咒语，就扛了这石头跋涉近十天。他的么些文字辞典的工作，就正是从这个经验起始的！这比我们昨天看到那个扛磨石妇人，自然大不相同……至于那位呢，总还不死心。你看他那个神气，就可知一定还在……”

说得三个人都不免笑将起来。在远处的李兰，知道几个人说的话与他必有关，因此舞着手中那个画册子应答说：“你们又认输了，是不是？我可还得试一试！**你们要的是成功，所以不免感觉到失败**。我倒只想尽可能来从各方面做个试验。”

话虽那么说，但过不多久，走过几个朋友身边时，大家争来看他的画稿，才知道，他勾勒的十几幅画稿，还只是一些大树，树林中一些散马。原来，那个不着迹象的远景捕捉，他也早放弃了。

大家把先前一时所做的几十幅山景速写整理出来，相互交换欣赏时，认为李兰一幅全用水墨涂抹，只在那条虹上点染了一缕淡红那张小景为最成功。其余凡用色彩表现色彩的，都近于失败。却以为，这是他的一种发现，一种创见。

李兰却表示他的意见说：

“这就是我说的经验！不是发明，是模仿！我记得，在学校讲南北宋时，××先生总欢喜称引旧话，以为画鬼容易，画人难。画奇禽异兽容易，画哈巴狗和毛毛虫难。写天宫梦境容易，写日常事务困难。人人都说××先生是当代论画权威，都极相信他的意见。若带他来这地方逛一年，他的讲义可就得完全重写。因为他会觉得所见到的事事物物，都完全不能和画论相合。若写实，反而都成了梦境，更可知道任何色彩的表现都有个限度。而限度还异常狭小。山水中的水墨画，且比颜色反而更容易表现某种超真实的真实印象。当年顾、陆、王、吴号称大手笔，对于墨色的使用，一定即比彩色更多理解，从他们的遗迹上即可见出。都明白色彩的重要，像是不敢和自然争胜，却将色彩节约到吝啬程度，到重要处才使用那么一点儿。顾、吴人物的脸颊、衣彩那点儿淡赭、浅绛，即足证明，对于彩色虽不能争胜，还可出奇。以少许颜色点染，即可取得应有效果。我知道模仿自然已无可望，因此试学吴生画衣缘方法，涂抹一线浅红，居然捉住了它……”

洛下书生正把画论谈得津津有味时，小周一面听下去，一面游目四瞩，忽然间，看到山冈下面松树林中，飏起一缕青烟，这烟气渐上渐白，直透松林而上，和那个平摊在脚下松林做成的绿海，以及透出海面大小错落的乌黑乱石，两相对比，完全如一种带魔术性的画面。因此突然说：“你们看这个是什么！一片绿，一团团黑，一线白，一点红，大手笔来怎么办？在画上，可看过那么一线白烟成为画的主题？有颜色的虹，还可有方法表现，没有颜色的虹，可容易画？”

那个出自马帮炊食向上飏起的素色虹霓，先是还只一条，随即是三条五条，大小无数条，负势竞上，一直向上升腾，到了一个高点时，于是如同溶解似的，慢慢地在松树顶梢摊成一张有形无质的乳白色氍毹，缘着淡青的边，下坠流注到松石间去。于是白的、绿的、黑的，一起逐渐融成一片，成为一个狭而长的装饰物，似乎在几个年轻人脚下轻轻地摇荡。远近各处，都镀上夕阳下落的一种金粉，且逐渐变成蓝色和紫色。

日头落下去了，两百里外的一列雪岫上，十来个雪峰，却转而益发明亮，如一个一个白金锥，向银青色泛紫的净洁天空上指。

四个人都为这个入暮以前新的变化沉默了下来，尤其是三个论画的青年，觉得一切意见、一切成就，都失去了意义。

穿靴子其所以新，乃正因其奴性太重，一点不敢倔强的缘故，别人才替它装饰。

水　车

“我是个水车，我是个水车”，它自己也知道是一个水车，常自言自语这样说着。它虽然有脚，却不曾自己走路，然而一个人把它推到街上去玩，倒是隔时不隔日的事。清清的早晨，不问晴雨，住在甜水井旁的宋四疤子，就把它推起到大街小巷去串门！它与在马路上低头走路那些小煤黑子推的车身份似乎有些两样，就是它走路时，像一个遇事乐观的人似的，口中总是不断地哼哼唧唧，唱些足以自赏的歌。

“那个煤车也快活，虽不会唱，颈脖下有那么一串能发出好听的声音的铃铛，倒足示骄于同伴！……我若也有那么一串，把来挂在颈脖下，似乎数目是四个或五个就够了，那又不！……”

它有时还对煤车那铃铛生了点羡慕。然而它知道，自己是不应当颈脖上有铃铛的，所以它不像普通一般不安分的人，遇到失望，就抑郁无聊，打不起精神。铃子虽然可爱，爱而不得时，仍不能妨碍自己的歌唱！

“因失望而悲哀的是傻子。”它常想。

“我的歌，终日不会感到疲倦，只要四疤子肯推我。”它还那么自己宣言。

虽说是不息地唱，可是兴致也好像有个分寸。到天色黑下来，四疤子把力气用完了，慢慢地送它回家去休息时，看到大街头那些柱子上，檐口边，挂得些红绿圆泡泡，又不见有人吹它，燃它，忽然又明，忽然又熄。

“啊啊，灯盏是这么奇异！是从天上摘来的星子同月亮？……”为研究这些事情，堕入玄境中，因此歌声也轻微许多了。

若是早上，那它顶高兴：一则空气早上特别好，二则早上不怕什么。关于怕的事，它说得很清楚——

“除了早上，我都时时刻刻防备那街上会自己走动的大匣子。大概是因为比我多了三只脚吧，走路又不快！一点不懂人情世故，只是飞跑，走的还是马路中间最好那一段。老远老远，就‘喝喝’子喊起来了！你让得只要稍稍慢一点，它就冲过来撞你一拐子。撞拐子还算好事。有许多时候，我还见它把别个撞倒后，就毫不客气地从别个身上踩过去呢。

“幸好四疤子还能干，总能在那匣子还离我身前很远时，就推我在墙脚前歪过一边去歇气。不过，有一次也就够担惊了！是上月子吧，四疤子因贪路近，回家是从辟才胡同进口，刚要进机织卫时，四疤子正和着我唱《哭长城》，猛不知从西头跑来一个绿色大匣子，先又一个不作声，到近身才“咯”的一下，若非四疤子把我用劲扳了下，身子会被那凶恶东西压碎了！

“那东西从我身边挨过去时，我们中间相距不过一尺远，我同四疤子都被它吓了一跳，四疤子说它是‘混账东西’，真的，真是一个混账东西！那么不讲礼，横强霸道，世界上哪里有？”

早上，匣子少了许多，所以水车要少担点心，歌也要唱得有劲点。

那次受惊的事，虽说使它不宁，但因此它得了一种新知识。以先它以为，那匣子既如此漂亮，到街上跑时，又那么昂昂藏藏，一个二个，雄帮帮的，必是也能像狗与文人那么自由不拘，在马路上无事跑趟子，自己会走路，会向后转，转弯也很灵便的活东西，是以虽对于那凶恶神气有点愤恨，然权威的力量，也倒使它十分企慕。当一个匣子跑过身时，总啧啧羡不绝口——

“好脚色，走得那么快！

“你看它几多好看！又是颜色有光的衣服，又是一对大眼睛。橡皮靴子多么漂亮，前后还佩有金晃晃的徽章！

“我更喜欢那些头上插有一面小小五色绸国旗的……

“身上那么阔气，无怪乎它不怕那些恶人（就是时常骂四疤子的一批恶人），恶人见它时，还忙举起手来行一个礼呢！”

还时时妄想，有一天，四疤子也能为它那么打扮起来。好几次做梦，都觉得自己那一只脚，已套上了一只灰色崭新的橡皮套鞋，头上也有那么一面小国旗，不再待四疤子在后头推送，自己就在西单牌楼一带人群里乱冲乱撞，穿黄衣在大街上站岗的那恶人也一个二个把手举起来，恭恭敬敬的了。

从那一次惊吓后，它把“人生观”全变过来。因为通常它总无法靠近一个匣子身边站立，好细心来欣赏一下所钦佩的东西的内容。这一次却见到了。见了后，它才了然。它知道，原来那东西本事也同自己差不了许多。不仅跑趟子快慢要听到坐在它腰肩上那人命令，就是大起喉咙吓人让路时的声音，也得那人扳它的口。**穿靴子其所以新，乃正因其奴性太重，一点不敢倔强的缘故，别人才替它装饰。**从此就不觉得那匣子有一点可以佩服处了，也不再希望做那大街上冲冲撞撞的梦了，“这正是一个可耻的梦啊”，背后的忏悔，有过很久时间。

近来，一遇见那些匣子之类，虽同样要把身子让到一边去，然而口气变了。

“有什么价值？可耻！”且“嘘！嘘！”不住地打起哨子，表示轻蔑。

“怎么，那匣子不是英雄吗？”或一个不知事故的同伴问。“英雄？可耻！”遇到别个水车问它时，它总做出无限轻蔑样子来鄙薄匣子。本来它平素就是忠厚的，对那些长年四季不洗澡的脏煤车还表同情，对待粪车也只以“职务不同”故“敬而远之”，然在匣子面前，却不由得不骄傲了。

“请问：我说话是有要人扳过口的事吗？我虽然听四疤子的命令，但谁也不敢欺负谁，骑到别个的身上啊！我请大家估价，把‘举止漂亮’除开，看谁的是失格！”

假使“格”之一字，真用得到水车与汽车身上去，恐怕水车的骄傲也不是什么极不合理的事！

童心在人类生命中消失时，一切意义即全部失去其意义，历史文化即转入停顿，死灭，回复中古时代的黑暗和愚蠢，进而形成一个较长时期的蒙昧和残暴，使人类倒退回复吃人肉的状态中去。

青色魇

青

半夜猛雨，小庭院变成一片水池。孩子们身心两方面的活泼生机，于是有了新的使用处。为储蓄这些雨水，用作他们横海扬帆美梦的根据地，大忙特忙起来了。小鹤嘴锄在草地上纵横开了几道沟，把积水引导到大水沟后，又设法在低处用砖泥砌成一道堤坝。于是半沟黄浊浊泥水中，浮泛了各式各样玩意儿：木条子、沙丁鱼空罐头、牙膏盒、硬纸板，凡在水面漂动的，统统就名叫作“船”，并赋以船的抽象价值和意义。船在水手搅动脏水激起的漩涡里陆续翻沉后，压舱的一切，也全落了水。照孩子们说的，即“宝物全沉入海底”。这一来，孩子们可慌了。因为除掉他们自己日常用的小玩具外，还有我书桌上一个黄杨木刻的摆夷小马，做镇纸用的澳洲大宝贝，刻有蹲狮的镀金古铜印，自然也全部沉入海底。照传说，落到海底的东西即无着落，几只小手于是更兴奋地在脏水中搅动起来。过一会儿，当然即得回了一切，重新分配，各自保有原来的一份。然而，同时却有一匹手指大的翠绿色小青蛙，不便处置。这原是一种新的发现。若系平时，未必受重视，如今恰好和打捞宝物同时出水，为争夺保有这小生物，几只手又有了新的搅水机会。再过不久，我的面前就有了一双大眼睛，黑绒绒的长睫毛下，酿了一汪热泪，来申诉委屈了。抓起两只小手看看，还水淋淋的。一只手中是那个刚从大海中救回四寸高的小木马，一只手就捏住那匹刚从大海中发现的小青蛙。摊开小手掌时，小生物停在掌中心，恰如一只绿玉琢成的眼睛。

“根本是我发现的，哥哥不承认。……于是我们就战争了。他故意浇水到我眼睛里，还说我不讲道理。我呢，只浇一点儿水到他身上，并不多。”

我心想：“是的，你们因为如此或如彼，就当真战争起来了，很兴奋、认真，都以为自己和真理同在。正犹如世界上另外一处发生的事。这世界一切，原只是一种象征！”不由得不苦笑了。我说：“嗨嗨，小虎虎，战争不是好事情。不要为点点事情就战争！不许哥哥浇脏水到眼睛中去，好看的眼睛自然要好好保护它才对。可是你也不必哭，女孩子的眼泪才有用处！你可听过一个大伙儿女人在一块流眼泪的故事？……”

所有故事都从同一土壤中培养生长，这土壤别名“童心”。一个**民族缺少童心时，即无宗教信仰，无文学艺术，无科学思想，无燃烧情感实证真理的勇气和诚心。童心在人类生命中消失时，一切意义即全部失去其意义，历史文化即转入停顿，死灭，回复中古时代的黑暗和愚蠢，进而形成一个较长时期的蒙昧和残暴，使人类倒退回复吃人肉的状态中去。**

白

凡是冒险事情，都使人兴奋。可是最能增加见闻、满足幻想的，却只有航海。坐了一只船向远无边际的海洋中驶去时，一点接受不可知命运所需要的勇敢，和寄托于这只船上所应有的荒谬希望，可以说，把每个航海的人都完全变了。那种不能自主的行止，以及与海上陌生事务接触时的心情，都不是生根陆地的人所能想象的。他将完全如睁大两眼做一场白日梦，一直要回到岸上，才能觉醒。他的冒险经验，不仅仅将重造他自己的性情和人格，还要影响到别的更多的人，兴趣和信仰。

就为的是冒险，有那么一只海船，从一个近海码头启碇，向一个谁也想象不到的彼岸进发了。这只船行驶到某一天后，海上忽然起了大风。船在大海中被风浪簸荡，真像是小水塘中的玩意儿被顽童小手搅动后情景。到后自然是船翻了，船上人千方百计从各处找来的宝物，全部落了水。船上所有人也落了水。可是就中却有一个冒险者，和他特别欢喜的一匹白马，同被偶然而来的一个海浪，送到了岛屿的岸边。就岛上种种光景推测，背海向内地走去，必然会和人碰头。必须发现人，这种冒险也才有变化，有结束。唯一的办法，自然就是骑了这匹白马，向内陆进发，完成这种冒险的行程。

这匹马长得多雄骏！骨象和形色，图画上就少见。全身白净，犹如海滩上的贝壳。毛色明净光莹处，犹如碧空无云天上的满月，如阿耨达池中的白莲花。走动时，轻快不费力气，完全像是一阵春天的好风。四脚落地的均匀节奏，使人想起千年前历史上那个第一流鼓手。

这鼓手，同时还是个富于悲剧性的聪明皇帝，会恋爱，又懂音乐，尤其欢喜玩羯鼓。在阳春三月好风光里，鼓声起处，所有含苞欲吐的花树，都在这种节奏微妙鼓声中次第开放。

白马正驰过一片广阔平原，向一个城市走去。装饰平原，到处是各种花果的树林。花开得如锦绣堆积，红、白、黄、紫，各自竞妍争美。点缀在树枝上的果子，把树枝压得弯弯的，过路人都可随意采摘。大路两旁用作行路人荫蔽的嘉树，枝叶扶疏，排列整齐，犹如受过极好训练的军队。平原中，到处还有各式各样的私人花园别墅，房屋楼观都各有匠心，点缀上清泉小池，茂树奇花。五色雀鸟在水边花下和鸣，完全如奏音乐。耳目接触，使人尽忘行旅疲劳和心上烦忧。城在平原正中，用半透明玉石砌成，五色琉璃作缘饰，皎洁壁立，秀拔出群，犹如一座经过削琢的冰山。城既在平原上，因之从远处望去时，又仿佛一阵镶有彩饰的白云，凭空从地面涌起。城市的伟大和美丽，都已超过一切文学诗歌的形容，所以在任何人的眼目中，也就十分陌生。

这城原来就是历史上最著名的阿育王城，这一天且是传说中最动人的一天。这个冒险者骑了他的白马，到得城中心时，恰好正值城中所有年轻秀美尚未出嫁女孩子，集合到城中心大圆场上，为同一事件而哀哭。各自把眼泪聚集入金、银、玉、贝、珊瑚、玛瑙等等七宝做成的小盒中，再倾入一个紫金钵盂里。

一切见闻都比梦境更荒唐，不可思议，然而一切却又完全是事实。事实增加冒险者的迷惑，不知从何取证。冒险者更觉得奇异，即问明白，使得这些年轻美貌女孩子的哭泣，原来是为了另一个陌生男子一双眼睛的失明。

黄

阿育王是历史上一个最贤明的国王，既有了做国王所应有的智慧和仁爱，公正与诚实，因之凡做国王所需要的一切，权势和尊荣，财富和土地，良善人民和正直大臣，也无不完全得到。但是就中有一点缺陷，即年近半百还无儿子。一个国王，若没有儿子，在历史上留下的记载，必然是国内有势力的大族，趁这个国王老去时，因争夺继承，不免发生叛变和战争，国力由消耗而转弱，使敌国怨家乘隙侵入，终于亡国灭祀。为避免历史悲剧的重演，唯一方式即采用宗教仪式，向神求子。阿育王本不信神，但为服从万民希望，不得已和皇后莲花夫人同往国内最大神庙祝祷许愿，并往每一神像前瞻礼致敬。庄严烦琐的仪式完毕，回到别院休息时，忽闻有驹那罗鸟在合欢树上歌呼。阿育王心想："若生儿子，一双眼睛应当如驹那罗鸟眼，俊美有神，方足威临八方。"回宫不久，皇后果然就有了身孕。足月时，生产一男孩，满房都有牛头楠檀奇异馥郁香气，长得肥白健壮，有三十二相，八十种好。尤其使阿育王夫妇欢喜的，就是那双眼睛，完全如驹那罗鸟眼睛。因到神庙去还愿酬神，并在神前为太子取名"驹那罗"。总管神庙的先知，预知这个太子的眼睛和他一生命运大有关系，能带来无比权势，也能带来意外不幸，就为阿育王说"眼无常相"法，意思是——

"凡美好的，都不容易长远存在，具体的且比抽象的还更脆弱。

美丽的笑容和动人的歌声反不如星光、虹影持久，这两者又不如某种素朴观念信仰持久。英雄的武功和美人的明艳，欲长远存在，必与诗和宗教情感结合，方有希望。但能否结合，却又是出于一种偶然，因人间随时、随处都有异常美好的生命或事物消失，大多数即无从保存。并非事情本身缺少动人悲剧性，缺少的只是一个艺术家或诗人的情绪，恰巧和这个问题接触。必接触，方见功。这里‘因缘’二字有它的庄严意义，‘信仰’二字也有它的庄严意义。记住这两个名词对人生最庄严的作用，在另外一时，就必然发生应有的作用。”这种法语似乎相当深晦，近于一切先知的深晦。阿育王自然也只能理解一小部分，其余得从事实证明。

说过后，先知即把佛在生时沿门乞食的紫金钵盂，送给阿育王，并嘱咐他说：“这东西对王子驹那罗‘明天’大有用处。好好留下，将来可以为我说的预言作证。”

金

驹那罗王子在良好教育和谨慎保护下慢慢长大。到成年时，一切传说中王子的好处，无不具备。一双俊美眼睛，则比一切诗歌所赞美的人神眼睛还更明亮，更动人。国内所有年轻美丽女孩子，因为普遍对于这双眼睛发生了爱情，多锁住了她们爱情，迟延了她们的婚姻。驹那罗自己也因这双出奇的眼睛和多少人的希望与着迷，始终不好意思和任何一个女子成婚。

按照当时的风俗，阿育王宫中应当有一万妃子，而且每一位妃子入宫因缘，都必然有一种特征和异相。最后一个入宫的妃子，名叫真金夫人。全身是紫金色，光华熠熠，且有异香，稀世少见。当时有婆罗门相师为王求妃，聘请国内名师高手，铸就一躯金相，雄伟奇特，辇行全国，并高声倡言："若有端正殊妙女人，得见金神礼拜者，将以虔信，得神默佑，出嫁必得人上之人好夫婿。"全国士女，一闻消息，于是各自严整妆饰，穿锦绣衣，璎珞被体，结伴同出，礼拜金神。唯有这个女子，志乐闲静，清洁其心，独不出现。经女伴再三怂恿，方着日常弊衣，勉强随例参谒。不意一到神前，按照规仪将随身衣服脱去时，一身紫金色光明，映夺神座。婆罗门相师一见，即知唯有这个女子堪宜做妃。随即用重礼聘入王宫。这妃子不仅长得华艳绝人，且智意流通，博识今古，明辨时政，兼习术数。就为这种种原因，深得阿育王爱敬信托。然亦因此，即与驹那罗王子势难并存。推其原因，还由于爱。王妃在未入宫以前，即和国内其他女子一样，爱上了驹那罗那双眼睛。若两人相爱，可谓佳偶天成。但名分已定，驹那罗王子对之只有尊敬，并无爱情。妃子对之则由爱生妒，由妒生恨，不免孕育一点恶心种子。凡属种子，在雨露阳光中都能生长，发育滋长，结怨毒果。驹那罗有见于此，心怀忧惧，寝食难安，问计于婆罗门，婆罗门即为出主意，因此向阿育王请求出外就学。

过后不久，阿育王害了一种怪病，国内医生无法医治，宣告绝望。这事情若照国家习惯法律，三个月后，驹那罗王子即将继承王位，当国执政。聪明妃子一听这种消息，心知驹那罗王子若真当国执政，第一件事，即必然是将自己放逐出宫。因此向监国大臣宣称，她能治王怪病，"请用三个月为期，到时若无好转，愿以身殉国王，死而无怨”。一面即派人召集国内良医，并向国内各处探听，凡有和阿育王相同病症的，一律送来疗治。恰好有一女孩病症相同，妃子即令医士用女孩做试验，吃种种药。最后吃葱，药到虫出，怪病即愈。阿育王经同样治疗，病亦得痊，因向妃子表示感激之忱，以为若有心愿未遂，必可使之如愿。妃子趁此就说：“国王所有，我无不有，锦衣玉食，我无所需。由于好奇，我想做七天国王，别无所求！”既得许可，第一件事即假做阿育王一道命令，给驹那罗王子，命令上说：“驹那罗王子犯大不敬，宜处死刑。今特减等，急将两眼挑出。令到遵行，不许稍缓。限期三日，回复王命。”按照习惯，这种重要文件，必有阿育王齿上印迹，才能生效。妃子趁王睡眠，盗取齿印。王在梦中惊醒，向妃子说：“事真稀奇，我梦见一只黑色大鹫鹰，啄害驹那罗两只眼睛。”

妃子说：“梦和事实，完全相反，王子安乐，何必忧心？”

妃子哄阿育王睡定，欲取齿印时，王又惊醒，向妃子说：“事实稀奇，我又梦见驹那罗头发披散，面容憔悴，坐在地上哭泣。两眼成为空洞，可怕！可怕！”

“梦哭必笑，梦忧则吉。卜书早已说过，何用多疑？”

妃子于是依然用谎话哄王安睡。睡眠熟时，即将齿印盗得，派一亲信仆人，乘日行七百里驿传，赍送命令，到驹那罗王子所在总督处。总督将命令转送给驹那罗王子，验看明白，相信一切真出王意，即便托人传语总督，请求即刻派人前来执行。可是全省没有人肯做这种蠢事。另悬重赏，方来一外省无赖流氓，企图赏赐，报名应征。人虽无赖，究有人心，因此到执行时，迟迟不忍动手。

驹那罗王子恐误王命，鼓励他说：“你勇敢点，只管下手，先挑右眼，放我手心！”一眼出后，千万人民，都觉痛苦损失，不可堪忍。热泪盈眶，如小孩哭。驹那罗王子忘却本身痛苦，反向众人多方安慰，以为同受试验，亦有缘法。两眼出后，驹那罗王子向在场人民从容宣说：“美不常住，物有成毁，失别五色，即得清净；得丧之际，因明本性。破甑不顾，事达人情，拭去热泪，各营本生！”那流氓眼见这种情形，异常感动，自觉做了一件愚蠢无以复加事情，随即转身到一大树下扼喉自杀死去。妃子亲信，即将那双眼睛，贮藏于一个小小七宝盒中，乃驰驿传，带回宫中复命。

妃子从宝盒中验看那双眼睛无误时，“驹那罗，驹那罗，你既不在人间，就应当永远埋葬在我心里！”妃子由于爱恨交缚，便把那双眼睛吞吃了。

紫

驹那罗既失去双眼，变成盲人后，不能继续学问，因此弹琴唱歌，自作慰遣。心念父亲年老，国事甚烦，虽有聪明妃子侍侧，忠直大臣辅政，究竟情形，实不明白，十分挂念。因辗转而行，沿路乞丐，还归京都。到王宫门外时，不得入宫，即在象坊中暂时寄身，等待机会。半夜中，忽听两个象奴陈述国情，以及阿育王功德：奇病痊愈，得力于王妃智慧多方，代王执政七天，开历史先例。并认为，一年以内，从不处罚任何臣民，以德化治，真是奇迹。驹那罗就耳中所闻，证本身所受，心中疑问，不能自解，因此中夜弹琴娱心，并寄幽思。阿育王在宫中忽闻琴声，十分熟悉，似驹那罗平时指法，唯曲增幽愤，如有所诉。即派人四处找寻，才从象坊一角，发现这个两眼失明王子。形容羸瘦，衣裳败坏，手足生疮，且作奇臭，完全失去本形，因问驹那罗："你是谁人？因何在此？有何怨苦，欲作申诉？"

"我是驹那罗，阿育王独生子。眼既失明，名只空存。我无怨苦，不欲申诉，唯念父母，因此归来！"

阿育王一听这话，譬如猛火烧心，迷闷伤损，即刻昏倒地下。用水浇洒，苏醒以后，把驹那罗抱在膝上，一面流泪一面询问："你眼睛本似驹那罗眼，俊美温柔，燃着清光，明朗若星，才取本名。如今一无所有，应作何等称呼？什么人害你，心之狠毒，到这样子！你颜色这么辛苦憔悴，我实在不忍多看。赶快一一向我说个明白，我必为你报仇。"

驹那罗说："爸爸，你不必忧恼。事有分定，不能怨人，我自造孽，才有今天！三月前得你命令，齿印分明，说我犯大不敬，于法应诛，将眼挑出，贷免一死。既有王命，证据分明，何敢违逆？"

阿育王说："我可发誓，并无这种荒悖命令。此大罪恶，必加追究，得个水落石出，我方罢休！"

一经追究，如理泉水，随即知道本源。真金夫人因爱生妒，因妒生毒，毒害之心滋长繁荣，于是方有如彼如此不祥事件发生。供证分明，无可辩饰，阿育王一身火发，因向妃子厉声斥骂说："不吉恶物，何天容汝，何地载汝。你心狠毒，真如蛇蝎，螫人至毒，死有余辜，不自陨灭，天意或正有待！"因此即刻把这妃子监禁起来，准备用胡胶紫火烧杀后，再播扬灰烬于空中、水中，使之消失，表示人天共弃。

阿育王因思往事，想起过去种种，先知所说眼无常相法，即有预言。又想起那个紫金钵盂，及先知所谓“因缘”“信仰”等等意义，当即派一大臣，把那紫金钵盂带到大街通衢人民荟萃热闹处所，向国人宣示驹那罗王子所遭不幸经过。

“本身失明，犹可摸索，循墙而走，不至倾跌。一国失明，何以作计？”

都人士女，闻此消息，多如突闻霹雳，如呆如痴，迷闷怅惘，不知自处。至若年轻妇女，更觉心软如蜡，难于自持。加之平昔对其爱慕，更增悲酸。日月于人，本非嫡亲，一旦失明，人即如发狂癎，敲锣击缶，图作挽救。今驹那罗王子，两目丧失，日夜不分，对于青春鲜华美丽自信女子，如何能堪？因此齐集广场，同申哀痛。热泪盈把，浥注小盒，盒盒充足，转注紫金钵盂。不一时许，钵盂中清泪满溢。阿育王忧戚沉痛，手捧钵盂，携带驹那罗王子，同登一坛台上，朗朗向众宣示：

“眼无常相，先知早知，因爱而成，逢妒而毁，由忧生信，从信生缘。我儿驹那罗双眼已瞎，人天共见。今我将用这一钵出自国内最纯洁女子为同情与爱而流的纯洁眼泪，来一洗驹那罗盲眼。若信仰二字犹有意义，我儿驹那罗双眼必重睹光明，亦重放光明；若信仰二字，早已失去其应有意义，则盲者自盲，佛之钵盂，正同瓦缶，恰合给我儿驹那罗做叫花子乞讨之用！”

当众一洗之后，四方围观万民，不禁同声欢呼：“驹那罗！”

原来，这些年轻女子为一种单纯共同信仰，虔诚相信盲者必可得救。愿心既十分单纯真诚，人天相佑，奇迹重生，驹那罗一双眼睛，已在一刹那顷回复本来，彼此互观，感激倍增。全城女子，因此联臂踏歌，终宵欢庆。

探险者目睹这回奇迹，第一件事，即将那匹白马献给阿育王，用表尊敬。至于驹那罗王子呢，第一件事，即请求国王赦免那一位美貌非凡才智过人、用不得其正的妃子，从胡胶紫火中把她救出。

黑

我那小木马，重新又放到书桌边，成为案头装饰品之一了。房屋尽头，远近水塘，正有千百拇指大小青蛙鸣声聒耳。试数我桌上杂书，从书页上折角估计，才知道，我看过了《百缘经》《鸡尸马王经》《阿育王经》《付法藏经》。……

眼前一片黑，天已入暮，天末有一片紫云在燃烧。一切都近于象征。情感原出于一种生命的象征，离奇处是它在人生偶然中的结合，以及结合后发展而成的完整形式。它的存在，实无固定性，亦少再现性，然而若于一个抽象名词上去求实证时，“信仰”却有它永远的意义。信仰永存。我们需要的，是一种明确而单纯的新的信仰，去实证同样明确而单纯的新的愿望。共同缺少的，是一种广博伟大悲悯真诚的爱，用童心重现童心。而当前个人过多的，却是企图用抽象重铸抽象，那种无结果的冒险。社会过多的，却是企图由事实继续事实，那种无情感的世故。

想象的紫火在燃烧中，在有信仰的生命里继续燃烧中。在我生命里，也在许多人生命里。待毁灭的是什么？是个人不纯粹的爱和恨，还是另外一种愚蠢和困惑？我问你。

现代社会，不仅容许一个政治家对本国人如此说点谎话，若对于另一国家时，似乎还容许说更多的谎话！

政治与文学

一

法西斯老板慕索里尼被民众捉住时，对那个围困他的一群意大利人民说：“你放了我，拥护我，我保可以给你们一个崭新的罗马帝国。”话说得很动人，但是大家不相信，他就完了。若相信，他就可以在拥戴中重新爬起。至于那个大帝国，过三年五载，能不能实现，那另是一问题。到时，他可以说，因如此如彼不能实现，照例有话可说。并且事实上也不会有人会去追问这个预言的兑现。

这是政治。**政治艺术就在这点上，权变第一。**世界历史上就有许多政治家伟人，在大群人民中，或较小一群的议员中，用各种预约，得到个人成功，无害其为伟大。罗斯福和共和党要人竞选总统时，史塔林和人竞争党书记时，都不免要有那么一手。**现代社会，不仅容许一个政治家对本国人如此说点谎话，若对于另一国家时，似乎还容许说更多的谎话！**纵横捭阖之术，是一个政治家的本钱，也是一个外交家的本钱。

可是，说这个话的若是一个作家，比如说，下巴颏生有长长的胡子那一位托尔斯泰吧，在沙皇向人民宣称德惠，大家都信以为真时，他却向俄罗斯人说：“列位，拥护我，爱我，投我一票，信托，跟我走，我明年写一部《战争与和平》给你们。”大家却会考虑一会儿，不大相信。也许会有人那么说：“托尔斯泰伯爵，你最好还是先写出来，我们再拥护吧。”万一时间已到了二十世纪，俄国政治社会组织已变了，说话的是高尔基，人民客气一点，也许会说：“高尔基先生，我很相信你的话，要写可一定要有你上次出版的那本好！”相信也是有条件的。他曾经写过几本书，取得人民信托，得到成功。这事，到中国也怕差不多。因为这是文学。

文学家不能空口说谎。任何伟大文学家，卖了预约的书，必得到时出版。而读者又还有权利和自由来批评这个作品好坏，批评得好不好，意见不受作者拘束。一个政治家，受无理攻击，他会起诉，会压迫出版者关门歇业，会派军警将人捉去杀头。一个作家呢，他只笑笑。因为，一个人的演说，或一千个人的呐喊鼓噪，可以推翻尼罗王的政权，或一个帝国，可不闻有一篇批评或一堆不可靠文坛消息把托尔斯泰葬送。

二

若有人认为，作家的笔必由政党调遣，那无妨各行其是。我的理由却极简单，这是两种工作。从政治家或伟人看，一千人进军罗马，即可产生一个帝国。从作家看，他那个四千字的小说或一首诗，实在只有他的头脑和手才能产生。一个帝国固然伟大，然而说到经久时，有时又似乎还敌不过一首七言诗。**文学作家归入宣传部做职员，这是现代政治的悲剧。**引引俄国事例统治管理来驳我的，回过头来看看那个自由一些国家的成就。我们作家不是在争“自由”，争“民主”？文学上的自由和民主，绝不是去掉那边限制让我再来统治。民主在任何一时的解释，都包含一个自由竞争的原则，用成就和读者对面、和历史对面的原则。并且政党要领袖，要拥护，而且容许用一切不大合乎真实的手段做宣传，争取或巩固地位。文学的民主却不需要也不容许这些。文学涉于创作。没有什么人在作品以外能控制他人的权利，刚用笔的每一个人，都可以用作品和老牌竞争，而且永远也在竞争中。这种竞争尽管十分不同，正由于不同，即带来进步。真的进步是由此而来，不是由竞选……

三

这一个月来，因我写了点小文章，被另外一位笔名先生当作题目批判了若干次以后，得到许多的信。信件大致可以分作两类：一是少数熟人的，总说争不了事，这和国家情形一样，还是听命扫荡吧；一是陌生人和读者的，倒奇怪在名分下我有不少副刊，事实上帮手怕也不少，怎不来个笔战？我得谢谢这些朋友的好意，并谢谢给我把批判文章寄来的两位。批判文章做得很好，有立场，站地步，而又观点正确。且于雄赳赳之中还保留点点客气，又会断章取义不求甚解地附会其词，若配合什么会的举行，可以说绝妙宣传。这一来，沈从文简直被打倒了。但是照某兄所说，又像是沈从文早就落伍而倒多日了。极奇怪的倒是我什么时候又起来过？因为照我记忆所及，民十五年时刚学习执笔，就被一伙在北平的什么社员倒过，我自己就不曾料到。民十八在上海，又被一团体指定一某兄由检讨而扬弃过，且宣布必倒。我也想不出这检讨是什么意义。到二十三年，又被一群生力军战战。三十年左右，桂林又有一些远距离扫荡。三十四五年在昆明，又有些近距离扫荡。一共约二十年光景，次数不为不多，而且照例是团体性，再加上一堆文坛消息，不可谓不实力雄厚。我这一面呢，照理说，老是居于劣势。真不免让那些好朋友代为担心！不过，事情也奇怪，二十年已成过去，好些人都消失了，或做了官，或做了商。更有意义的，是其中有两个还做了我的朋友，都是真有批评能力，且写过批评集的。我倒很希望他们还有兴致，再来批判我新写的一切作品，可是已停笔了。我还是我，原来无从属，单人独马用这支笔来写点小说，从学习讨经验，求有以自见，现在还是如此。想起来真不免使人感慨系之！因为在我自己，对工作态度二十年变得似乎极少，但批判的笔却换了四五代了。而且所以受批判，倒又简单，我很恼怒了一些人。我的不入帮态度，有时近于拆台，我的意见又近于不喝彩，而我的写作恰恰又“都要不得”。这个批语，且可能是从不看我作品的人说的。这也正见出中国文坛的一鳞一爪。什么文坛？不过是现代政治下一个缩影罢了。只见有集团的独霸企业而已。然而和政治稍稍不同处，即有野心文坛独霸企图而已。然而和政治稍稍不同处，为的是二十三十人固然可以产生个委员，或部长，更多些人还可以产生个罗马帝国，可是一首七言绝句呢，却要一个人用脑子来产生的。文坛中，不仅有作者，也还有个读者。不仅有读标语而感动十分的人，也还有拈斤簸两把作品从文学史上衡量得失的人。有欢喜开会的作家，也有不欢喜出风头的作家。我们不是说要“民主”吗？这里就正有个民主，一面应容许相异，不同，而又能以个人为单位，竞争表现，在运动规则内争表现。不过，这种民主制度对某一些人当然就不大顺利，因之扫荡随来。所以分析起来，这雄赳赳中其实也就有懦怯，恰恰和另外那个战争中有懦怯一样，不敢单独接受工作正面所课的责任，于是出以集团攻击。文字既然不过一种工具，那么，涉及批判，什么话不好说？所以话说得险而狠，可以说是必要的。不过既有二十年低头从事不做官的作者，也自然还有不信官的读者。所以文坛到底又还有点民主，虽然这正是另外一些人所不要的！扫荡者的文章，倒要附于被扫荡者集中，方能存在，是无可奈何的。记得《益世报·文学周刊》第一期上，编者即有个声明，刊物是对报纸、对读者、对作者要有个交代，不用作个人利益企图和热闹笔战时，所以现在还是要守住这个原则。我只说说批判者文章中串贯不来处和错误原因。

……

伟大作品的产生，不在作家如何聪明，如何骄傲，如何自以为伟大，与如何善于标榜成名，只有一个方法，就是作家『诚实』地去做。

文学者的态度

这是个很文雅庄严的题目，我却只预备援引出一个近在身边的俗例。我想提到的是我家中经管厨房的大司务老景。假若一个文学者的态度，对于他那份事业也还有些关系，这大司务的态度，我以为真值得注意。

我家中大司务老景是这样一个人。

平时最关心的是他那份家业：厨房中的切菜刀，砧板，大小碗盏，与上街用的自行车。都亲手料理得十分干净。他对于肉价，米价，煤球价，东城与西城相差的数目，他全记得清清楚楚。凡关于他那一行，问他一样，他至少能说出三样。他还会写几个字，记账时必写得整齐成行，美丽悦目。他所认的字够念点浅近书籍，故做事以外，他就读点有趣味的唱本故事。朋友见他那么健康和气，负责做人，皆极其称赞他。

有一天，朋友××问他："老景，你为什么凡事在行到这样子？真古怪！"

他回答得很妙，他说："××先生，我不古怪！做先生的应当明白写在书本上的一切，做厨子的也就应当明白搁在厨房里的一切。××先生您自己不觉得奇怪，反把我当成个怪人！”

“你字写得那么好，简直写得比我还好。”

“我用了钱，得记下个账单儿，不会写字可不配做厨子！字原来就是应用的东西，我写字也不过能够应用罢了。”

“但你还会看书。”

朋友××以为这一来，厨子可不会否认他自己的特长了。谁知老景却说：“××先生，这同您炒鸡子一样，玩玩的，不值得说！”

××是个神经敏感的人，想起了这句话里一定隐藏了什么尖尖的东西，一根刺似的戳了那么一下。“做厨子的能读书，并不出奇，只有读书拿笔杆儿的先生们，一放下笔，随便做了件小小事情，譬如下厨房去炒一碟鸡子，就大惊小怪，自以为旷世奇才！”

那大司务在人面前既常是一副笑脸，笑容里真仿佛也就包含得有这样一种幽默。其实不然，他并不懂得这些空灵字眼儿，他无须乎懂幽默。

××似乎受了一点儿小小的窘，意思还想强词夺理地那么说：“我们做先生的，所以明白的是书本。你却明白比做先生的多五倍以上的事实，你若不能称为怪人，我就想称呼你为……”他大约记起“天才”两个字，但他并不说下去，因为怕再说下去只有更糟，便勉强地笑笑，只说，“你洗碗去，你洗碗去”，把面前的老景打发开了。

别人都称赞我家中这个大司务，以为是个“怪人”，我可不能同意这种称呼。这个大司务，明白他份上应明白的事情，尽过他职务上应尽的责任，做事不取巧，不偷懒，做过了事情，不沾沾自喜，不自画自赞；因为小小疏忽把事做错了时，也不带着怀才不遇委屈牢骚的神气。他每天早晚把菜按照秩序排上桌子去，一个卷筒鱼，一个芥蓝菜，一个四季豆，一个……告给他："大司务，你今天这菜做得好。"他不过笑笑而已。间或一样菜味道弄差了，或无人下箸，或要他把菜收回，重新另炒，他仍然还只是笑笑。说好他不觉得可骄，说坏他不恼羞成怒。他其所以能够如此，就只因为他对于工作尽他那份职业的尊严。他自己以为自己毫不奇怪，别人也就不应当再派他成为一个怪人了。

不过，假若世界上这种人算不得是个怪人，那另外还有一种人，就使我们觉得太古怪了。我所指的，就是现在的文学家。这些人古怪处倒并不是他们本身如何与人不同，却只是他们在习气中如何把身份行为变得异常的古怪。

弄文学的同"名士风度"发生关系，当在魏晋之间，去时较远，似乎还无所闻。魏晋以后，能文之士，除开奏议赋颂，原来就在向帝王讨好，或指陈政治得失有所主张，把文章看得较严重外，其他写作态度，便莫不带一种玩票、白相的神气。或做官不大如意，才执笔雕饰文字，有所抒写，或良辰佳节，凑兴帮闲，才做所谓吮毫铺素的事业。晋人写的小说，多预备做文章时称引典故之用，或为茶余酒后闲谈之用，如现存《博物》《述异》《世说》《笑林》之类。唐人作小说认真了一些，然而每个篇章便莫不依然为游戏心情所控制。直到如今，文学的地位虽同时下风气不同，稍稍高升一些，然而从一般人看来，就并不怎样看得起它。照多数作家自己看来，也还只算一种副业。一切别的事业，似乎皆可以使人一本正经装模作样地做下去，但一提到写作，则不过是随兴而发的一种工作而已。倘若少数作者，在他那份工作上，认真庄严到发痴，忘怀了一切，来完成他那篇小说，那些短诗，那幕戏剧，第一个肯定他为傻子的，一定也就是他同道中最相熟、最接近的人。

过去观念与时代习气皆使从事文学者如票友与白相人。文学的票友与白相人虽那么多，这些人对于作品的珍视，却又常常出人意料以外。这些人，某一时节卷起白衬衫袖口，到厨房里去炒就一碟嫩鸡子，完事以后得意的神气，是我们所容易见到的。或是一篇文章，或是一碟鸡子，在他们自己看来，总那么使他们感到自满与矜持。关于烹调，本是大司务做的专门职业，先生们偶尔一做，带着孩子们，心情觉得十分愉快，并不怎么出奇。至于研究文学的，研究了多年以后，同时再来写点自己的，也居然常常对于自己作品做出“我居然也写了那么一篇东西！”的神气，就未免太天真了。就是这一类人，若在作品中发生过了类乎“把菜收回，重新另做”的情形时，由于羞恼所做出的各种事情，有时才真正古怪得出人意外！

只因为文学者皆因历史相沿习惯与时下流行习气所影响，而造成的文人脾气，始终只能在玩票、白相精神下打发日子，他的工作兴味的热忱，既不能从工作本身上得到，必须从另外一个人方面取得赞赏和鼓励。他工作好坏的标准，便由人而定，不归自己。他又像过分看重自己作品，又像完全不能对于自己作品价值有何认识。结果就成了这种情形。他若想成功，他的作品必永远受一般近在身边的庸俗鉴赏者尺度所限制，作品绝不会有如何出奇炫目的光辉。他若不欲在这群人面前成功，又不甘在这群人面前失败，他便只好搁笔，从此不再写什么作品了。倘若他还是一种自以为很有天才而又怀了骄气的人呢，则既不能从一般鉴赏者方面满足他那点成功的期望，就只能从少数带着糊涂的阿谀赞美中，消磨他的每个日子。倘若他又是另一种聪明不足滑跳有余的人呢，小小挫折必委屈到他的头上。因这委屈，既无法从作品中得到卓然自见的机会，他必常常想方设法不使自己长受委屈；或者自己写出很好的批评，揄扬吹嘘，或别出奇计，力图出名，或对于权威所在，小作指摘，大加颂扬。总而言之，则这种人登龙有术。章克标先生在他一本书中所列举的已多，可不必再提了。

近些年来，对于各种事业，从比较上皆证明这个民族已十分落后，然而对于十年来的新兴国语文学，却似乎还常有一部分年轻人怀了最大的希望，皆以为这个民族的组织力、道德性与勇敢诚朴精神，正在崩溃和腐烂，在这腐烂崩溃过程中，必然有伟大的作品产生。这种伟大文学作品，一面记录了这时代广泛苦闷的姿态，一面也就将显示出民族复兴的健康与快乐生机。然而，现在玩票、白相的文学家，实占作家中的最多数。这类作家露面的原因，不属于“要成功”，就属于“自以为成功”或“设计成功”。想从这三类作家希望什么纪念碑的作品，真是一种如何愚妄的期待！一面是一群玩票、白相文学作家支持着所谓文坛的场面，一面却是一群教授，各抱着不现实愿望。教俄国文学的就埋怨中国还缺少托尔斯泰，教英国文学的就埋怨中国无莎士比亚，教德国文学的就埋怨中国不能来个歌德。把这两种人两相对照起来时，总使人觉得极可怜，也极可笑。实则作者的态度，若永远是票友与白相人态度，则教授们研究的成绩，也将同他们的埋怨一样，对于中国文学理想的伟大作品的产生，事实上便毫无帮助。

伟大作品的产生，不在作家如何聪明，如何骄傲，如何自以为伟大，与如何善于标榜成名，只有一个方法，就是作家“诚实”地去做。作家的态度，若皆能够同我家大司务态度一样，一切规规矩矩，凡属他应明白的社会上事情，都把它弄明白，同时那一个问题因为空间而发生的两地价值相差处，得失互异处，他也看得极其清楚。此外“道德”“社会思想”“政治倾向”“恋爱观念”，凡属于这一类名词，在各个阶级，各种时间，各种环境里，它的伸缩性，也必须了解而且承认它。着手写作时，又同我家中那大司务一样，不大在乎读者的毁誉，做得好并不自满骄人，做差了又仍然照着本分继续工作下去。必须要有这种精神，就是带他到伟大里去的精神！

假若我们对于中国文学还怀了一分希望，我觉得最需要的就是文学家态度的改变。那大司务处世做人的态度，就正是文学家最足模范的态度。他应明白得极多，故不拘束自己，却敢到各种生活里去认识生活，这是一件事。他应觉得他事业的尊严，故能从工作本身上得到快乐，不因一般毁誉得失而限定他自己的左右与进退，这又是一件事。他做人表面上处处依然还像一个平常人，极其诚实，不造谣说谎，知道羞耻，很能自重，且明白文学不是赌博，不适宜随便下注投机取巧，也明白文学不是补药，不适宜单靠宣传从事渔利，这又是一件事。一个厨子知道了许多事，做过了许多菜，他自己就从不觉得他是个怪人，且真担心被人当他是个怪人。一个作家，稍稍能够知道一些事情，提起笔来，把它写出，却常常自以为稀奇。既以为稀奇，便常常夸大狂放，不只想与一般平常人不同，并且还与一般作家不同。

平常人以生活节制产生生活的艺术，他们则以放荡不羁为洒脱；平常人以游手好闲为罪过，他们则以终日闲谈为高雅；平常作家在作品成绩上努力，他们则在作品宣传上努力。这类人，在上海寄生于书店、报馆、官办的杂志，在北京则寄生于大学、中学以及种种教育机关中。这类人，虽附庸风雅，实际上却与平庸为缘。从这类人成绩上有所期待，教授们的埋怨，便也只好永远成为市声之一种。这一代的埋怨，留给后一代教授学习去了。

已经成了名的文学者，或在北京教书，或在上海赋闲，教书的大约每月皆有三百至五百元的固定收入，赋闲的则每礼拜必有三五次谈话会之类列席。希望他们同我家大司务老景那么守定他的事业，尊重他的事业，大约已不是一件很容易的事情。现在可希望的，却是那些或为自己，或为社会，预备终身从事于文学，在文学方面有所憧憬与信仰，想从这份工作上结实硬朗，弄出点成绩的人，能把俗人老景的生活态度作为一种参考。他想在他自己工作上显出纪念碑似的惊人成绩，那成绩的基础，就得建筑在这种厚重，诚实，带点儿顽固，而且也带点儿呆气的性格上。

假若这种属于人类的性格，在文学者方面却为习气扫荡无余了，那么，从事文学的年轻人，就极力先去学习培养它，得到它；必须得到它，再来从事文学的写作。

所谓有礼貌的世界者，乃把一切维持到一种不很忠实的『面子』下头之谓：懂怎样去使人顾全到你的『面子』。

杂 谈

中国人，不善于“幽默”，有吾家博士说过，还有其他人也说过。

倘若是人人真的莽撞直率，也不算顶无趣吧。

可惜者是倒并不如此。

中国人长于什么？是很多礼貌。“凡事不负责”，“走小路”，种种形成其他为君子。中国的君子，真不少！在新的时代下生存的，又有新的君子，不很有人注意过。但这类君子，无往而不宜，“和气”，“亲密”，“忠厚”，颇为世所喜。

有人研究新的道德者，可师法这新君子。

在友中，我曾在心上深深佩服有着几个人。

面上若北京城铺子中人物，常是笑容可掬，似乎到处全可以同人拜把，心则很不易观察。

到人面前说着各样颇易于动听的话，回头又恨之若不难于生食其人之肉者，是这类新君子伎俩。此不过伎俩之一种而已，其余还很多。欲骂一个人，又不敢，则在另一件事向另一人说，这又是一种颇好本事。毁人于有意而无形中，自己不失为君子，聪明哉。从这事上可以见我们民族的礼貌是怎样的可贵可爱？！

这礼貌也可以说是幽默吧。

在文学的界域里，也有这类同样的情形。

卑卑不足道者，多数是于自己无关。到自己——假说一个小小比喻吧——要人帮忙，礼貌出来了。

我是那么常常想：中国人，若果是人人都带一种大憨子脾气，大家真能在他兴味上说出那衷心欲说的话语，看看我们的文艺批评情形将成什么现象！可以说者，因“礼貌”而默默，不必说的，又因“礼貌”而也得吹吹：结果成了今日的样子。讲礼貌，凡事明利害，在一种全为礼貌支配下的社会情形中，一些人就自然而然成了一种中心人物了。

在另一种事业上可以证明，这礼貌之不可缺者是作画的人怎么就能成名。此时中国的人欲做艺术家或文学家么？你去先把生活的艺术学成，再来动手做做你的事业吧。你能活动于某一种阶级间，这所靠的武艺并不是真的某种艺术。这年头，谁要真纯艺术干吗？**所谓有礼貌的世界者，乃把一切维持到一种不很忠实的“面子”下头之谓：懂怎样去使人顾全到你的“面子”**。不拘欲做什么，都很容易了。

看看我们近来的画家，有那个专心一意去作颜色生涯，忽略了待人接物而能悠然活着下来的么？活且不让，还可以给社会同情么？

因习惯，大家似乎都学得聪明伶俐可爱，发现憨人就互相告语。憨人不太多，又似乎常常使这类君子感到寂寞了。

憎着这人，这事，这时代，不敢明于评论，因此便以为忘了利害去说的人是憨子。君子本色固如是矣。爱人不算是丑事，但倘若有人说到某某人可爱，这情形若为新君子所知者，更有嘲笑！这仿佛是本人如何有识，而笑着的人是如何卑鄙浅陋的样子，故笑之若不足，犹可以于茶余饭后作谈助。这世界，实应在各人身上讲求趋吉避凶法子的世界，勇于自表者便是呆子，多么可笑呵！

君子的“笑”“骂”，是我在许多地方就领略过了。为这事，只有痛心。然而，我一面为我中国聪明人的举目皆是以为可贺。

外国人这时不正有许多在说俄国人是疯子，而夸奖黄色人讲礼貌么？

历史循环虽若莫须有，历史复演则在一个历史过于绵长的国家，似乎无从避免。

应声虫

范正敏《遁斋闲览》，有一条记应声虫，认为是一种传染性的怪病。医药故事，即尝引用到它。

余友刘伯時，尝见淮西士人杨勔，自言中年得异疾，每发言应答，腹中辄有小声效之。数年间，其声浸大。有道士见之，惊曰："此应声虫也，久不治，延及妻子。宜读《本草》，遇虫所不应者，当取服之。"勔如言，读草本至雷丸，虫忽无声。乃顿饵数粒，遂愈。

余始未以为信，其后至长汀，遇一丐者，亦有是疾，环而观之者众，因教之使服雷丸。丐者谢曰："某贫无他技，所以求衣食于人者，唯藉此耳。"

这个记载也许有点儿讽刺意味，反映新法党争激烈时，使多少人放弃头脑不用，凡事只是人云亦云，为的是可谋衣食！应声虫自然是一种抽象生物，不至于为昆虫学者收入昆虫谱的。但到近年来，社会各方面却似乎有不少人已害了这种病。尤其是知识分子，一得这种病后，不仅容易传染及妻儿子女，且能延及过往亲朋，同事，师友。害病的特征为头脑硬化，情感凝固。凡事不论大小，都不大思索，不用理智判断是非。而习于人云亦云，随声附和。对任何强有力者，都特别恭顺敬畏，不触忌讳。此种唯诺依违，且若寄托一种高尚理想。雷丸是否能治这种病，还没有人试验过。不过可以猜想而知的，即雷丸或其他药物，纵对于这种时代流行传染病能防止，能治疗，患病者却未必乐意受治疗。事正相反，说不定还希望其有更大传染性，能做迅速而普遍传染，由家人，亲友，慢慢扩大，至于那个多数，便于从多数发生所谓政治影响。患病的大致可分两种：一种是年过四十，受过高等教育学，有专长，透熟人情世故，带点虚伪做作情形害下去的；一种是年在二十左右，性情单纯热忱，在心理上属于青春期年龄，结合了求偶情绪与宗教迷信，本来应当十分激进，但因传染此病，而萎靡不振，因之缠绵下去的。二十岁左右受此传染病的，又可分两种：一种待找出路分子，一为小有产者子弟。传染最厉害的，还是找出路分子。对强权特别拥护崇拜，对财富尤所倾心，传染者既多，且于不知不觉间便形成一种特殊势力，影响到各方面，尤其是有助于巧取豪夺强权的扩大，以及腐败发霉社会的继续。更直接的自然还是影响其本人社会地位以及日常生活。用之于人，虽未必有牛黄、马宝治疗之效果，但亦可以使许多人逐渐四平八稳，少年老成，麻木低能，凡神经兴奋之行为决不参加，凡增加纷乱之事决不介入。然或有好事者说，“这是应声虫作怪，得治疗，不治将做普遍传染，使社会上中层分子有集团头脑硬化现象，对国家民族十分危险”。患病的，或有知，或无知，必一例觉得这人好事可恶，且别有用心。尤其是如涉及四十岁以上的病状，以为近于虚伪顽固懦弱自私，二十岁左右将有成为工具可能时，必特别不愉快。这有原因。只因为贫而无他技者，能听这种病延续下去，所有好处，即比千年前还多。如劝他想法治疗，等于破他的财门。至于富而无他技者，即正可因之巩固已有权势，或增加左右时局地位，满足更大欲望。然尤其有意义，有作用，或尚为不贫不富那个知识阶级，若知所以附会于这病状中，在写社论、做公开演讲，表明放弃头脑阿谀势力为人类新道德时，实有不可思议之好处。

元辗然子作《拊掌录》，记欧阳修与人行酒令，大有意思。

欧阳公与人行酒令，各作诗两句，须犯“徒以上”罪者。一人曰：“月黑杀人夜，风高放火天。”一人曰：“持刀逼寡妇，下海劫人船。”欧云：“酒粘衫袖重，花压帽檐偏。”或讶而问之。公曰：“此时‘徒以上’，罪亦作了。”

“充军”虽已成一古典名词，只在旧戏文、小说中间或还可见到。至于“徒以上”罪，则至今似尚好好保留，随时可以使用。事在今日，若有人行这个酒令时，实不必如何苦思，只要口中轻轻地说，“人云亦云，是应声虫”，即可罪名成立。因到处都有应声虫，话语顺风吹去，自然即有人觉得是刺中了他。这种人，高一级的大多是四十五十而无闻，治学问弄事业一无特别成就，静极思动，忽然若有所悟，向虚空随手一捞，捉住一应声虫咽入腹中，于是从伙儿伴儿中，做点不花本钱的买卖。大之即可在此脆弱社会中，取得信托与尊重，忽俨然成为社会中要人，或某要人新器重的分子。小之亦可从而润点小油水，比如说，……事实虽如此如彼，却千万说不得，偶尔提及，即不免触犯忌讳。古人说“察渊鱼者不祥”，从这句话使人想起二千年前哲人警告的意味深长。“莫踬于山，而踬于垤。”世界上固尝有愚人所做的小小狡狯，有时会使巨人摔一跤，且即从此不再爬起的。而愚人之行为，通常即反映患应声虫者之病入膏肓，事极显明。

又《拊掌录》记海贼郑广作诗事云：

闽地越海贼曰郑广，后就降补官，同官强之作诗。广曰：“不同文官与武官，文官、武官总一般。众官是做官了做贼，郑广是做贼了做官。”

正和绰号“细腰宫院子”的庄季裕所著《鸡肋编》说的绍兴建炎时事相互映照。当时人云：“欲得富，赶著行在卖酒醋。欲得官，杀人放火受招安。”语气虽鄙俚不文，不仅是当时现实主义者动人的警句，且超越历史，简直有点永久性。用作抗战后方某一些为富不仁的人物，胜利后来收复区办接收的人物，以及戴罪立功的某种人物，岂不是恰恰如烧饼歌，不必注解也明明白白？

至于在陪都或首都，卖酒、醋的，虽不闻发大财，但在某院长时代，穿老棉鞋、棉袄坐庄号卖酒醋的同乡，入国家银行的实已不少。更有意义的，或者还应数一些读“子曰”的仲尼弟子，平时道貌俨然，常用“仲尼不死，颜回复生”方式于师生间此唱彼和，随时随地做“传道统非我其谁”的宣示。时移世易，即暂时放下东方圣人不语怪力乱神之旨，将西方活佛一套秘法魔术，拿来使用，先于夫妇友朋间宣扬赞叹，旋即公开为人画符念咒，看鬼驱魔，且不妨定下规章，酌量收取法施，增加银行存款。有江充、马道婆行巫蛊之利，而无造谣惑众灭门焚身之忧。较之卖酒、醋，少用本钱，杀人放火少担恐惧，亦可谓深明“易”道矣。这种知识阶级和应声虫关系不多，和磕头虫却有点渊源。因红衣大法师所有秘法，必由磕头万千而传也。如有人眼见昆明方面大学教授、男女留学生向西藏法师磕头情况，必对“人生”和“教育”引起一极离奇的感印。

历史循环虽若莫须有，历史复演则在一个历史过于绵长的国家，似乎无从避免。无怪乎饱读旧事的吴稚老，总说旧书读不得。其意当不在担心有人迷醉于章句间，食古不化，不知“现在”为何事。或许倒是恐怕有些人太明白现实；将诸子纵横之术，与巫蛊魅惑之方，同冶一炉时，这个国家明日实不大好办！

一个习惯于『情绪体操』的作者，服侍文字，必觉得比服侍女人还容易得多。

情绪的体操

先生：

我接到你那封极客气的信了，很感谢你。你说你是我作品唯一的读者，不错。你读得比别人精细，比别人不含糊，也比一般读者客观，我承认。但你我之间终有种距离，并不因你那点同情而缩短。你讨论散文形式同意义，虽出自你一人的感想，却代表了部分或多数读者的意见。

我文章并不重在骂谁，讽谁，我缺少这种对人苛刻的兴味，那不是我的长处。我文章并不在模仿谁，我读过的每一本书上的文字，我原皆可以自由使用。我文章并无何等“哲学”，不过是一堆“习作”，一种“情绪的体操”罢了。是的，这可说是一种“体操”，属于精神或情感那方面的。一种使情感“凝聚成为渊潭，平铺成为湖泊”的体操，一种“扭屈文字试验它的韧性，重摔文字试验它的硬性”的体操。你厌烦体操是不是？我知道你觉得这两个字眼儿不雅相，不斯文。它极容易使你联想到铁牛、水牛。那个人的体魄威胁了你，使你想到青年会柚木柜台里的办事人，一点乔装的谦和，还有点儿俗，有点儿对洋上司的谄媚。使你想起“美人鱼”，从相片上看来，人已胖多了。……

可是，你不说你是一个“作家”吗？不是说“文字越来越沉，思想越来越涩”？先生，一句话，这是你读书的过错。你的书本知识即或可以“吓”学生，“骗”学生，让人留下个“博学鸿儒”的印象，却不能帮助你写一个短短故事，达到精纯完美。你读的书虽多，那一大堆书可并不消化，它不能营养你，反而累坏了你。你害了精神上的伤食病，脑子消化不良，晒太阳，吃药，都毫无益处。你缺少的，就正是那个“情绪的体操”！你似乎简直就不知道这样一个名词，它的具体涵义，以及它对于一个作家所包含的严重意义。打量换换门径来写诗？不成。痼疾还不治好以前，你一切设想全等于白费。

你得离开书本，独立来思索，冒险向深处走，向远处走。思索时，你不能逃脱苦闷，可用不着过分担心，从不听说一个人会溺毙在自己“思索”里。你不妨学学情绪的散步，从从容容，五十米，两百米，一里，三里，慢慢地向无边际一方走去。只管向“黑暗”里走，那方面有的是炫目的光明。**你得学“控驭感情”，才能够“运用感情”。你必须“静”，凝眸先看明白了你自己。你能够“冷”，方会“热”。**

文章风格的独具，你觉得古怪，觉得迷人，这就证明你在过去十年中写作方法上精力的徒费。一个作家在他作品上制造一种风格，还不是极容易事情？你读了多少好书，书中什么不早先提到？假若这是符咒，你何尝不可以好好地学一学，自己来制作些比前人更精巧的、效率特高的符咒？好在我还记起你那点“消化不良”，不然，对于你这博学，而无一能真会感到惊奇。你也许过分使用过了你的眼睛，却太吝啬了你那其余官能。真正搞文学的人，都必须懂得“五官并用”不是一句空话！谁能否认你有个灵魂，但那是发育不全的灵魂。你文章纵格外努力，也永远是贫乏无味。你自己比别人或许更明白那点糟处，直到你自己能够鼓足勇气，来在一个陌生人面前承认。请想想，这“病”已经到了什么样一种情形！

一个习惯于“情绪体操”的作者，服侍文字，必觉得比服侍女人还容易得多。因为文字是一个一个待你自己选择的，能服从你自己的“意志”，只要你真有意志。至于女人呢？她乐于服从你的“权力”。也许……得了，不用提。你的事恰恰同我朋友××一样：你爱上艺术，他却倾心了一个女人。都愿意把自己故事安排得十分合理，十分动人。皆想接近那个“神”，都自觉行为十分庄严，其实处处却充满了呆气。我那朋友到后来终于很愚蠢地自杀了，用死证实了他自己的无能。你并不自杀，只因为你的工作失败同恋爱失败在习惯上是两件事。你说你很苦闷，我知道你的苦闷。给你很多的同情可不合理，世界上像你这种人太多了。

你问我关于写作的意见。属于方法与技术上的意见，我可说的还是劝你学习学习一点“情绪的体操”，让它把你十年来所读的书消化消化，把你十年来所见的人事也消化消化。你不妨试试看。把日子稍稍拉长一点，把心放静一点，三年五年维持下去，到你能随意调用字典上的文字，自由创作一切哀乐故事时，你的作品就美了，深了，而且文字也有热，有光了。你不用害怕空虚，事实上使你充实、结实，还靠的是你个人能够不怕人事上“一切”，不怕幼稚荒诞的诋毁、批评或权威的指摘。你不妨为任何生活现象所感动，却不许被那个现象激发你到失去理性。你不妨挥霍文字，浪费辞藻，却不许自己为那些华丽壮美文字脸红心跳。你写不下去，是不是？照你那方法，自然无可写的。你得习惯于应用一切官觉，就因为写文章原不单靠一只手。你是不是尽嗅觉尽了他应尽的义务，在当铺朝奉以及公寓伙计两种人身上，也有兴趣辨别得出他们那各不相同的味儿？你是不是睡过五十种床，且曾经温习过那些床铺的好坏？你是不是……？

你嫌中国文字不够用，不合用。别那么说。许多人都用这句话遮掩自己的无能。你把一部字典每一页都翻过了吗？很显然的，同旁人一样，你并不曾做过这件傻事。你想造新字，描绘你那新的感觉，这只像是一个病人欺骗自己的话语。跛了脚，不能走动时，每每告人正在设计制造一对翅膀，轻举高飞。这是不切事实的胡说，这是梦境。第一你并没有那个新感觉，第二你造不出什么新符咒。放老实点，切切实实治一治你那个肯读书却被书籍壅塞了脑子，压断了神经的毛病！不拿笔时你能“想”，不能想时你得“看”，笔在手上时你可以放手“写”，如此一来，你的大作将慢慢活泼起来了，放光了。到那个时节，你将明白，中国文字并不如一般人说的那么无用。你不必用那个盾牌掩护自己了。你知道你所过目的每一本书上面的好处，记忆它，应用它，皆极从容方便，你也知道风格特出，故事调度皆太容易了。

你试来做两年看看。若有耐心，还不妨日子更多一点。不要觉得这份日子太长远，我说的还只是一个学习理发小子满师的年限。你做的事，应当比学理发日子还短，是不是？我问你。

我们这个社会，本来即充满痛苦的现象，许多人间喜剧，若从深处看，也都令人油然生悲悯心。

谈　人

凝眸人间，我们看到人的活动比较深广时，总不知不觉会发生悲悯心。百物万汇，如此不同，朱紫驳杂，光色交错。论复杂，真是不可思议。然而人各有所蔽，又各易为物诱，因之各有是非爱憎。虽贤愚巧钝，智力悟性相去甚远，思想感情，归纳出来，还不外某几种方式。

人与人似乎不可分。“同情关心”与“敌视对立”，实二而一，同为生命对于外物的两种反应。恰好如春天和冬天，寒暖交替，两不可缺。苦乐乘除，方能够把人格扩大，情感淘深。生命中若仅有嘻嘻哈哈，这人一定变傻，若仅有蹙眉忧愁，这人一定会迂而疯。

俨若上帝派定，人都极自然地对于某事发生同情，某人感到敌对。人最怕淡漠，怕不理会，怕当他或她在你面前有所表现时，不问好意或恶意，你总视若无睹，听若无闻，行动若无所谓。不反对，不赞同。尤其是某一种人，正存心盼望你注意，而你伪不注意，或所作所为他人已俨然看得十分重要，你却表示毫不关心。你这种对人、对事极端淡漠的态度，实在很容易伤他们的心。在某种情形下，譬如说同在写文章的情形下吧，对人淡漠，将引起多少不必有的怨恨和误会，就个人十年来的经验，说起来真是不胜举例，感慨系之，只看看和淡漠相反的“关心”，对人、对事“同情”或“敌对”，产生什么现象，就可明白过半了。

如鲁迅，可说是个对人充满同情也充满敌对心的人，不特得过他的好处益处或可以利用利用他的作家、书店经理，对于他的死亡，感到极大的损失。便是玩政治的，帮闲跑龙头套的、漠不相干的，甚至于被骂过的，如《二丑艺术》所提到的几种人，不是也俨然对于他的死亡，说是感到极大的损失吗？他逝世二周年时，四川某处地方，曾举行一个纪念会。开会行礼如仪后，有个商会执行委员、洋货店老板，上台去做了一点钟的演讲。语气激昂中肯，博得台下许多次鼓掌。凡熟悉纪念会的，自然都明白话应当怎么说，方能有效果。属于丧吊，总不外“这人是我先觉，是为我们民族而死，我们一定要照他所做的做去，完成未竟之功”。措辞尽管十分笼统，还是无妨。因为这商会委员话说得极有道理，下台后于是就有几个年轻朋友去向他请教，问他：“如何学习鲁迅。鲁迅写了些什么书，哪一本书写得最好，最值得取法？”那大老板这一来可给愣住了。完全出他意料以外。他结结巴巴地说：“这个……这个慢慢地讨论吧。这位鲁先生我实在不认识，他会写小说？我以为他是个革命家。”真料想不到的是，鲁迅生前常常骂过这种人，这种人却来演讲，当他姓鲁，一口气说了一点钟！博得旁人许多次数鼓掌！他自己也异常开心！这个笑话说起来并不可笑，实在使人痛苦。因为这种事不仅四川发生过，上海或香港另外一个地方，也可能发生。不仅鲁迅纪念会有这种情形，别的什么会也必然常常有相似情形。记得数月前朋友×××女士追悼会，有个人讲到艺术家，就把梅兰芳、李惠堂、张恨水和“在场各位”拉在一处。事实上，“在场各位”都是另外一种人。大家都不明白他说的是什么意思。**我们这个社会，本来即充满痛苦的现象，许多人间喜剧，若从深处看，也都令人油然生悲悯心。**好像心中会发生一个疑问：“难道这就是人生吗？”同时，心上还将回答：“是的，这就叫作人生，真正原样的人生。但并不是全部，是一部分。”

因为人最怕淡漠，对淡漠不能忍受，所以易“轻信”与“疑心”。有些人你平时对他不大熟，或有意无意逃避过他，使他感到你不会同他相熟时，你若写点什么文章发表，说的虽是人类极普遍的弱点或优点，一种共通的现象，他总容易附会到自己头上去。话说得好，他终生受用，说得不好，他以为你骂了他，钉在心子上，永拔不去。你倘若说真话：“这并非骂你，正因为我不论何时都并无机会想起你！”这只有使他更不高兴，就为的是你对他“淡漠”。你不过淡漠而已，他以为是“敌对”。

数月前，我曾写过一篇小文章（《真俗人和假道学》），将社会上到处可以碰头的“假时髦”女子，称为“新式傻大姐”。这种人，特点极显明，一眼看来，好像很解放，很有知识，很活动，甚至于很时髦。可是，你若明白她多一点时，就知道“傻”为些什么，像个什么了。你领教多时，不会觉得如何可笑，正如你不会如别的人觉得她有何可爱。你只感到人生现象的悲悯，或者对高等教育怀疑。也许还有点儿同情。因为或者不是她对不起高等教育，倒是高等教育委屈了她。文章立论的根据，自然是从千百同一型范女人印象抽出的一个结论。尼采或斯特林堡，莫泊桑或契诃夫，笔下无不有这种女子的素描，供我们欣赏。不过说法各有不同罢了。但都具有同一情形，即悲悯。总好像要说："上帝，你这是什么意思？"

"轻信"与"疑心"，既占有许多女人情绪大部分，尤其是轻信，她因之在年轻时照例能听到许多莫名其妙的谄谀，忘了自己，但自己虽忘了，却希望别人谈着她。

我们不能否认，身前，左右，"假时髦"实在很多。我们对于肯朴素读书、做人的女子，十分尊敬。对于"假时髦"，慢慢地都会敬而远之。可是古语说："察渊渔者不详。"你懂她，可别说她。为的是"假时髦"不会因之变好，凡好表面时髦的她，将生疑心。说不定且会因之变坏。

坏的坏下来若已几十年，要它好，就自然也得这个数目。但一般人的感情或理性，却常常不许他们对『时间』这种东西有何认识。

知识阶级与进步

若从一般物质上着眼，人类的进步便很显然地陈列于吾人面前。但从理性方面说来，则所谓人类，现在活着的比一千年前活着的人，究竟有何不同处？是不是也一般地有了多少进步？说及时，实在令人觉得极可怀疑。

假若我们承认了理性也有进步的可能，想取例来说明它，一个写故事的人，自然还是引用个故事较为方便。一千四百年前，中国就有那么一个故事：

有个小小村落，距离国王的都城约三十里。既已聚集成村，自然就住了些顺民。所有男女老幼，皆在四季中各尽手足之力，耕田织布为活。也按时缴纳捐款，照习惯唱戏、求雨、杀猪、敬神。照本性哭、笑、相骂或赌咒。那村中有一井水，味道极美，无意中被一个专向国王讨好的人发现后，就把那井水舀上一桶，献给国王。

世界上做国王的，大都相差不远。他的天下若从马上得来，则莫不粗暴如同一个屠户；他的天下若从爸爸传来，则又莫不糊涂得同傻瓜一样。

这国王应属于第二种人。第一次觉得井水极好，于是就下了一个上谕，指定那村中百姓，每天轮流派出一人，尽力所及，把水挑到京城里去。国王为了一点点水，还那么认真，照例还算是那个村中百姓的光荣。但为了这样一担井水，村子里每天便应当有一个人来回走六十里路，这人别的事自然皆不能做了。国王命令既无法反对，遵照命令又实在太折磨了那村子里的送水人，因此大家就常有怨言，且暗地里商量，讨论出一个最好的办法，来逃避这差事。办法只是各人离开这个小小村落，各到别地方去谋生。

消息为本地村长知道后，赶忙稳住了乡下人，要他们莫即搬家，等他到国王处去看看，是不是能够为他们想得出一个更好办法。村长见过国王，禀明来意时，那国王就说："嫌路太远，我明白了。如今我下一个命令，把三十里改为十五里，路程减半，不应当再说什么了？"（照例世界上最颟顸国王，对于小民这样玩把戏说谎，总是极在行的。）村长便把国王的话转述给乡下人。乡下人头脑简单，以为因此一来，三十里的路程当真已缩短一半，故全体皆十分欢喜，就再不做迁移打算了。他们并且对于国王所给的恩惠，十分感谢。为了表示这点感谢，各人便在额角刻了"永作顺民"四个字。

这故事说明，一千四百年前，已有人感觉这些缺少理性的乡下人，愚蠢得如何可笑，可怜，故特别记下来，为后世启蒙发愚之用。当时的人，虽能说出这样故事，且明白了一个国王并不能够把原本三十里的路程缩作十五里，但在当时，便依然有许多事受那时的国王欺骗，同时对于国王这个名称，也毫无一人对于它的存在有所怀疑的。现在就事论事，则一切已大不相同：第一件事，国王的名称已为一些人用文字、嘴舌、力和血，把它除掉，同时，附属于那个名分下的许多坏处也没有了；第二件事，即或有国王的地方，住在离国都三十里的乡下人，已不必为国王轮流挑水了；第三件事，国王或代替国王而来的执政者，在募捐、借公债以及其他遣派国民有所担负，应向国民说话时，也再不能用命令缩短里数一类简单方法取信于民了。这三种事似乎皆可证明属于人类理性的进步，是一种确定的事实。

过去的人把命运和权力全交给了天，国王既称天，就有权柄任意处置一切。故做帝王的若本领好了，能负责，肯做事，一切又处置得极其公平，大家就有福同享；国王若是个脓包，不能做事，或是个艺术家，不会做事，这一国秩序，为军人与政客弄坏，于是就有了党争同战事。党争结果，常是把若干正派的人加以放逐与杀戮，战争则战事一延长，人民担当了那个生灵涂炭的命运，无数的生命，以及由于无数代生命思索与劳作积聚而成的一点点文化，便一股脑为革命毁了。现在的人民呢，虽仍然把权力交给执政者，却因为知识进步了些，对于一国未来的命运，似乎常常见得十分关切。尤其是号称“知识阶级”的读书人，多知道了些事情，总特别盼望自己所在的国家好些，国家局面乱糟糟到不成个样子，他们心里是不舒服的。若我们想找寻一种理性发达的人作为代表，把这类人拿来备数，自然太合适了。

不过，也正因为有了这类仿佛理性充分发达的人，成为社会的中坚分子，人类理性真的是否进步，进步了对于一个民族又还有些什么益处，倒又成为可商量的问题了。

罗马的灭亡不是一天一月的事，就正因为它的成立也绝不是一天一月的事。坏的坏下来若已几十年，要它好，就自然也得这个数目。但一般人的感情或理性，却常常不许他们对“时间”这种东西有何认识。譬如在中国，提到“国家政治制度的不良”“民族牺牲的消灭”，以及类乎此等问题时，一般人对于这些问题所引起的忧虑，忧虑中便从无时间的概念在内。故一切改良的企图，也常常不把必需的时间安排进去。若这种对于“时间”的疏忽处可称为天真，那么，中国读书人的天真，实在比任何种人皆多一些！正好像人人皆太天真了点，譬如国家积弱数十年，努力图自强，应当二十年才有小小希望的，一个执政者若老老实实把这个数目告给一般人，且在这个必需的时间中计划一切，则这领袖除准备下野以外，别无其他办法。这人下野了，代替而来的，必是个善于说话，在谈话中能把二十年的时间减至最小期间的人。本来需要十年的，执政者若说：“这件事至多需要三年，一切便可弄好。”只需要执政者把话说得极其得体，语气又漂亮从容，对国运怀了过分关切的读书人，就会很快乐，那么自作安慰：“这好了，我们有了个好领袖，国家命运有了转机，知识阶级的出路全有保障了。”事实上，则这些人所注重的，或不是“民族出路”的保障，而是“知识阶级”出路的保障。所谓读书人，学上古史，西洋文学，中国文学，政治，艺术，哲学，……这一类少数的人，照例是欢喜发表意见，同时也欢喜发点牢骚的。这一类社会上的中坚人物，既从自己职业上得到了生儿育女生活的凭借，又从一国领袖处得到了一份说谎的安慰后，便会各自去做应做的事情：或收集点古物，或到处托人去打听会做饭菜的厨子，或年近半百，尚怀了童心去学习跳舞，或终日无事，便各处去转述点谣言，再也不过问这个置身所在的国家一切命运了。这些人，虽头上不能发现什么刻好的记号，也从不为国王挑水，但这种人的天真与理性，是无从并存于同一头脑中的。

也有人说，使多数读书人，能够各自在职业上与嗜好上得到了生存的兴味，安分自守，不乱说话，泰然坦然地吃肉喝汤，打发每个日子下去，是一种国家希望进步需要秩序时必不可少的基础。故几年来知识阶级的沉静处与颓废处，据他们的自辩，与乐观主义者或糊涂蛋代为说明，莫不皆以为这是国家一切事业渐上轨道的象征。其实假若这类人最低的理性，还可以许他们明白“统治者假若永远是一群大小军人，日以抽收烟捐添购枪械为事，一群油滑政客，只会因循苟且，支持现状，一遇应当向国民说谎时，就糊涂乱说一阵，本身只是个军阀的清客，国家由这种人来处置，国家既无法持久，秩序进步也永远得不到”。那么，这类书生的生活与观念，或者也许就稍稍不同一点了。

事实上是古今做平民的，生活态度与观念皆由于为一个天生懒于思索、容易被骗的弱点所控制，照例只注意到自己今天能不能活，不大注意明天。且同时只把善于解释政策的首领当成最可靠的首领，并不追究政策的得失。故所谓理性的进步，从某一点说来，我们不过指的是，现在的无冕国王，已无方法派遣知识阶级挑水，同时，在任何人的额角上，看不出刻过什么显明记号而已。

合于『人权』的自私心扩张，并不是什么坏事情，它实在是一切现代文明的种子。

中国人的病

国际上流行一句对中国很不好的批评："中国人极自私。"凡属中国人民一分子，皆分担了这句话的侮辱与损害。办外交，做生意，为这句话也增加了不少麻烦，吃了许多亏！否认这句话，需要勇气。因为你个人即或是个不折不扣的君子，且试看看这个国家做官的，办事的，拿笔的，开铺子做生意的，就会明白，自私的现象的确处处皆可以见到。它的存在，原是事实。它是多数中国人一种共通的毛病。

一个自私的人，注意权利时容易忘却义务，凡事对于他个人有点小小利益，为了攫取这点利益，就把人与人之间应有的那种谦退，牺牲，为团体谋幸福，力持正义的精神，完全疏忽了。

一个自私的人，照例是不会爱国的。国家弄得那么糟，同它当然大有关系。

国民自私心的扩张，有种种原因。其中极可注意的一点，恐怕还是过去的道德哲学不健全。时代变化了，支持新社会，得用一个新思

想。若所用的依然是那个旧东西，便得修正它，改造它。

支配中国两千年来的儒家人生哲学，它的理论可以说是完全建立于“不自私”上面。话皆说得美丽而典雅，主要意思却注重在人民“尊帝王”“信天命”，故历来为君临天下人主的法宝。末世帝王常利用它，新起帝王也利用它。然而这种哲学，实在同“人性”容易发生冲突。精神上它很高尚，实用上它有问题。它指明做人的许多“义务”，却不大提及他们的“权利”。一切义务仿佛皆是必需的，权利则完全出于帝王以及天上神、佛的恩惠。中国人读书，就在承认这个法则，接受这种观念。读书人虽很多，谁也就不敢那么想：“我如今做了多少事，应当得多少钱。”若当真有人那么想，这人纵不算叛逆，同疯子也只相差一间。再不然，他就是“市侩”了。在一种“帝王神仙”“臣仆信士”对立的社会组织下，国民虽容易统治，同时就失去了它的创造性与独立性。平时看不出它的坏处，一到内忧外患逼来，国家政治组织不健全，空洞教训束缚不住人心时，国民道德便自然会堕落起来。亡国以前，各人分途努力促成亡国的趋势，亡国以后，又老老实实同做新朝的顺民。历史上做国民的既只有义务，以尽义务引起帝王鬼神注意，借此获取天禄与人爵。待到那个能够荣辱人类的偶像权威倒下，鬼神迷信又渐归消灭的今日，自我意识初次得到抬头的机会，“不知国家，只顾自己”，岂不是当然的结果?

目前，注意这个现象的，很有些人。或悲观消极，念佛诵经了此残生。或奋笔挥毫，痛骂国民不知爱国。念佛诵经的，工作不用提，奋笔挥毫的，行为其实又何补于世？不让做国民的感觉“国”是他们自己的，不让他们明白一个“人”活下来有多少权利，——不让他们了解爱国也是权利！思想家与统治者，只责备年轻人，困辱年轻人，俨然还希望无饭吃的，因为怕雷打，就不偷人东西，还以为一本《孝经》就可以治理天下。在上者那么糊涂，国家从哪里可望好起？

事实上，国民毛病在旧观念不能应付新世界，因此一团糟。目前最需要的，还是应当从政治、经济、教育、文学各方面共同努力，用一种新方法，造成一种新国民所必需的新观念。使人人乐于为国家尽义务，且使每人皆可以有机会得到一个“人”的各种权利。**合于“人权”的自私心扩张，并不是什么坏事情，它实在是一切现代文明的种子。**一个国家多数国民能“自由思索，自由研究，自由创造”，自然比一个国家多数国民皆“蠢如鹿豖，愚妄迷信，毫无知识”，靠君王恩赏、神佛保佑过日子有用多了。

自私原有许多种。有贪赃纳贿不能忠于职务的，有爱小便宜的，有懒惰的，有做汉奸因缘为利，贩卖旧货企图发财的。这皆显而易见。如今还有种“读书人”，保有一个邻于愚昧与偏执的感情，徒然迷信过去，美其名为“爱国”；煽扬迷信，美其名为“复古”。国事之不可为，虽明明白白为近四十年来社会变动的当然结果，这种人却糊糊涂涂，徒卸责于白话文，以为学校中一读古书，即可安内攘外；或委罪于年轻人的头发、帽子，以为能干涉他们这些细小事情，就可望天下太平。这种人，在情绪思想方面，与三十年前的义和拳文武相对照，可以见出它的共通点所在。因种种关系，他们却皆很容易使地方当权执政者，误认为捧场行为，与爱国行为，利用这种老年人的种种计策来困辱青年人。这种读书人，俨然害神经错乱病，比起一切自私者还危险。这种人主张若当真发生影响，他们的影响比义和拳一定还更坏。这种少数人的病，比多数人的病更值得注意。

真的爱国、救国，不是“盲目复古”，而是“善于学新”。目前所需要的国民，已不是搬大砖筑长城那种国民，却是知独立自尊，宜拼命学好也会拼命学好的国民。有这种国民，国家方能存在，缺少这种国民，国家绝不能侥幸存在。俗话说：“要得好，须学好。”在工业技术方面，我们皆明白学祖宗不如学邻舍，其实政治何尝不是一种技术？

倘若我们是个还想活五十年的年轻人，而且希望比我们更年轻的国民也仍然还有机会在这块土地上活下去，我以为——

第一，我们应肯定帝王、神、佛与臣仆、信士对立的人生观，是使国家衰弱、民族堕落的直接负责者。（这是病因。）

第二，我们应认识清楚凡用老办法开倒车，想使历史回头的，这些人皆有意无意在那里做糊涂事。所做的事皆只能增加国民的愚昧与堕落，没有一样好处。（走方郎中的医方不对。）

第三，我们应明白凡迷恋过去，不知注意将来，或对国事消极悲观，领导国民从事念佛、敬神的，皆是精神、身体两不健康的病人狂人。（这些人同巫师一样，不同处只是巫师是因为要弄饭吃装病装狂，这些人是因为有饭吃，故变成病人狂人。）

第四，我们应明白一个“人”的权利，向社会争取这种权利，且拥护那些有勇气努力争取正当权利的国民行为。应明白一个“人”的义务是什么，对做人的义务发生热烈的兴味，勇于去担当义务。（要把依赖性看作十分可羞，把懒惰同身心衰弱看成极不道德。要有自信心，忍劳耐苦不在乎，对一切事皆有从死里求生的精神，对病人狂人永远取不合作态度。这才是救国家，同时救自己的简要药方。）

『人们感受的痛苦，实起因于他们对事物的意见，而非由于事物本身。』

谈保守

一提“保守”，很容易想起英国。多数人都觉得英国以保守著名。社会组织上，个人性格上，给人的印象，都仿佛比任何国家、任何民族富于保守性。同时且觉得这种“守成”与“照旧”成就了英国的强大。正如现代的德、意、苏联，其他国家用“违反传统”所能成就的一样，帝国商务的推进，领土的维持，是由保守成功的。但有一点我们容易疏忽处，英国人对于支持传统，虽十分注意，正因为支持传统，举凡一切进步的技术，可并不轻视。他保守，在工业上却不落后，在武备上也不落后，在人事管理上也不落后。保守毫不妨碍它的进步，且从不因保守而排斥进步理想。它的保守，是有条件的，经过选择的。

中国也富于保守性，好些场合中国人且以此自夸。可是这种“守成”与“照旧”，却招来外侮与内患。孙中山先生明白贫弱与愚是中国民族的病根，想把这个民族振作起来，在应付人事道德上固然有条件保留些旧有东西，在谋生存技术上却极力讲求进步。因此对于政治组织与富国计划中，费了数十万文字来说明。孙先生死后，国民都觉得他的人格伟大而识见深远。不过，这种敬仰仿佛是一回事，个人愚而自私，又另是一回事。换言之，就是敬仰他的，从不学习他，模仿他。正因为若干人依然还是愚而自私，通常且以能保守自誉自慰。当政者则用保守为一种政略，支持其现成权利。家道小康的中层阶级，血气既衰，毫无远志，亦乐于在一种道德的自足与安全中打发日子。一切进步，既包含变革，一种由不合理转为合理的变革，对于个人权利，凡在保守中用不正当方式取得者，如贪污；对于个人义务，凡在保守中用不正当方式规避者，如门阀。社会若进步，即不免失去其保障。因此一来，“进步”便成为多数人惶恐与厌恶名词。这些人惧怕进步，生存态度即极端妨碍进步。对进步惶恐与厌恶，因之诅咒它，诋毁它，盲目耗费力量极多。倘如把这点抵制进步的力量转移到另一相反方面去，中国便不会像当前情形了。

试从中国两年近事取例：

山东的韩复榘，妄想用一部《施工案》统治一省，用极端保守方式支持他的政权，不知国家为何物。结果战争一起，局面一变，组织崩溃，误国殃民，自身不保。

广西的李、白两人，眼光较远大，凡事知从大处看，肯从大处注意，对内政建设一切用近代技术处理。抗战期中，成绩昭著，足为全国模范。

保守与进步不同处，它的得失，从上述两例，即可明白了然。

对保守情绪作进一步观察，我们便知道，它原来与“迷信”有关，同发源人类的自私与无知，鲁滨孙在他的《心理的改造》一书中认为，这是人类蛮性之遗留。他说——

研究原始人生活特质的人，往往惊讶其根深蒂固的保守性，不必要的束缚个人自由和绝望的惯例。人类和普通植物一样，每易一代一代因循下去，其生活与祖先生活无异。必有强烈的经验逼迫着他们，方能使其有所变革，并且每易藉端回复到旧习惯。因为旧习惯比较简单粗陋而自然——总之，更与他们的本性和原始性相近。

现在的人，往往以他的保守主义自骄，以为人类是天生好乱的动物。幸有远见保守派所阻遏，而不知正与事理相背驰。殊不知人类天生是保守的，好作茧自缚，阻挠变革，畏怖变革，致使他们自生存以来，差不多全部时期处于一种原始状态中，而至今犹有人在这种近代社会中，维持各种野蛮的习惯。所以根据什么主张或什么教条的保守家，在态度上是毫无疑义的原始人。这种人进步的地方，只在他能够为保持旧心境，随时举出若干好理由来罢了。

这位先生谈的是世界人类问题，针对的是支配世界顽固保守者、强权者。所以说到进步，他还认为只要这些人观念上能有所变革，人类就幸福多了。他说的虽是世界，拿来给中国人看，倒也有一二点似乎很相似处。他的希望，是人们对于自身行为及其观念上的改变，以为只要观念一改，国家的夸大，种族的仇视，政治的腐败，以及一切缺点，必都可望降低至危险点以下。

困难或许是观念的改变。所以斯多噶派的古谚说：“人们感受的痛苦，实起因于他们对事物的意见，而非由于事物本身。”我们国人的弱点，也很可说正是做人的意见不大高明。

社会由于私与愚而来的保守家到处存在，他们的意见成为社会的意见。所以三十年来的中国，在物质方面，虽可从沿海各地工商业物品竞争模仿上，见出一点进步，在负责者做公民的态度上，情形就令人怀疑。尤其是一种顽固保守家，经过一度化妆，在新的社会组织里成为中坚以后，因对于任何进步理想都难于适应，感到惶恐，对“进步”特殊仇视。“进步”在中国更容易成为一个不祥的名词。

人类天性是易于轻信，且容易为先人印象所迷惑，受因习惯例所束缚的。尤其是中国这种社会，至今还充满了鬼神的迷信，大多数读书人还在圆光，算命，念佛，打坐，求神，许愿种种老玩意儿中过日子。大多数人都习惯将生命交给不可知的运与数，或在贿赂、阿谀交换中支持他的地位，发展他的事业。从这么一种社会组织中，我们对于进步实无希望可言。

年轻人都渴望进步。一切进步不能凭空而来。譬如种树，必有其生根处。统治者便于治理，中产者便于维持，薪水阶级便于生活，守常成为当然的趋势。进步种子放在守常土壤中，即生根发芽，生长得也实在太慢了。这事从中国教育即可看出。普通教育的目的，应侧重在养成大多数良好公民的人格和知识。一个人对于国家得到公民权利以前，先知所以尽国民义务。爱国家，知大体。对职务责任不马虎苟且。处世做人时，知自重自爱。

不幸之至，教育收成正恰得其反。中国农民中固有的朴厚，刚直，守正义而不贪取非分所当得种种品德，已一扫而光。代替这种性格而来的特点，是虚伪与油滑。虚伪以对上，就成为面谀。貌作恭顺虔敬，其实无事不敷衍做作，毫不认真。油滑以驭下，则成为无数以利分合的小团体竞争。有一点相同，即上下一致将无知平民当作升官发财对象，切实奉行老子所谓“圣人不仁，以百姓为刍狗”格言。三十年来的新教育，成就了少数专家学者，同时便成就了多数这种坏人。受教育者，有许多尚不知公民道德为何物，尚不配称为良好公民，却居然成为社会负责者。这些人，堕落了国家的地位，民族的人格，自己还不明白。因为社会上这类人占有相当多数，所以一切使民族向上的名词，都失去了良好的反应，不是变得毫无意义，就是变得非常可怕。一切使国家进步的事实，都认为不足重视。全个社会在这种“混下去”的情形下，听其自然推迁，不特个人事情付之命运，国家民族问题也同样付之命运。即以少数优秀知识分子而论，其中自然不乏远见者明白，如此混，混不下去。但结果亦不在宿命观趋势中付之一叹，或怀抱一种不合作傲世离俗情绪，沉默无声。毫无勇气和信心，以为人类的事既有错误，尚可由人手来重新安排，使之渐渐合理。顺天委命的人生观，正说明过去教育有一根本缺点，即是：**只教他们如何读书，从不教他们如何做人。**

昔人说：**“我们由怀疑而生问题，从事搜求则可得真理。”**当前四十岁以上的中国人，追求真理毫无兴味，对“真理”两字，似乎已看得十分平淡，无希望可以兴奋其神经。大多数人对眼边事从不怀疑，少数人更不敢怀疑。“疑”既不能在生命上成为一种动力，

“信”亦不能成为生命上一种动力。凡由疑与信两方面刺激人、影响人的能力，在四十岁以上的人，似乎因种种相对力量在经验上活动，活动结果是相互抵消，因之产生一种主义，就是无可救药的个人主义。这种自私为己精神，用积极方式出现，则表现于公务人员纳贿贪赃作为上，用消极方式出现，则表现于知识分子独善其身苟全乱世生活态度上。所以，由怀疑而发现真理，求人类理知抬头，对迷信与惰性作战，取得胜利，把这类事希望四十岁以上的人，无可希望。

五四运动之起，可说是少数四十岁以上的读书人，与多数年轻人，对于中国人“顺天委命”行为之抗议，以及“重新做人”之觉醒。伴同五四而来的新文学运动，便是这种抗议与自觉的表现。拿笔的多有用真理教育他人的意识。唯理论多而杂，作者亦龙蛇不一。因此二十年来新文学作家，在中国成一特殊阶级，有一稀奇成就：年事较长的，视之为捣乱分子，满怀无端仄悲与恐惧，以为社会一切坏处统由此等人生事。年事较轻的，又视之为唯一指导者，盲目崇拜与重视，以为未来中国全得这种人负责。两方面对文学作者的功用与能力，估计得都过分了一点。加上文学作者自身对于社会的态度，因外来影响，一部分成为实际政治的附庸，能力不足者，则反复取巧，以遂其意；另一部分却与社会分离，以嘲讽调笑为事；另一部分又结合浪漫情绪与宗教情绪而为一，对于常态人生不甚注意，对于男女爱欲却夸大其词。教育他人的，渐渐忘了教育自己，结果二十年来的新文学运动，虽促进了某一方面的解放与进步，同时也就增加某一方面的纷乱和堕落。文字所能建设的抽象信仰，得失参半。

人事既有新陈代谢，当前二十岁上下的青年，就是此后二十年社会负责者。一个文学作者，若自觉为教育青年而写作，对于真理正义十分爱重，与其在作品上空作预言，有信仰即可走近天堂，取得其“信”，不如注入较多理性，指明社会上此可怀疑，彼可怀疑，养成其“疑”。用明智而产生的疑，来代替由愚昧面保有的信。因疑，则问题齐来，因搜求问题、分析问题，即接近真理。文学理想若必须贴近人生，这样来使用它时，也许容易建设一较健康作风与良好影响。我们所需要的真理无它，即全个民族，应当好好地活下去，去掉不可靠的原人迷信，充实以一切合理的知识与技术，支配自然，处置人事，力求进步，使这个民族在任何忧患艰难情形中，还能够站得住，不至于堕落灭亡罢了。认识这种真理，需要理性比热情多，实现这种真理，需要韧性比勇敢多。

尼采说：“证明一事是不够的，应该将人们向之引诱下去，或启迪上来。因此，一个知识分子应该学着将他的智慧说出来，不碍其好像愚蠢。”实证真理很容易邻于愚蠢，知识阶级对于各事之沉默，即类乎对此“蠢愚”之趋避。然而时间却将为这种不甘沉默者重作注解，即：社会需要这种人用韧性来支持他的意见，人类方能进步，有人敢对传统怀疑，且能引起多数人疑其所当疑，将保守与迷信分离（与自私和愚昧分离），这人即为明日之先知。

不倒翁的制造，我们都明白，特点是上面空空而下座落实，重心不在自己头脑上，所以不必思索，亦可省去思索苦痛。

关于学习

昭明先生：

关于学习问题，你要一点浅俗意见。你说你欢喜文学又太欢喜玩了，就照你说的“玩”文学方法，看看玩的是什么，也很好。

提起玩，我们很容易联想到“玩票”。你说得对，可并不透彻。

梅兰芳或谭富英唱戏，大家都承认他唱得蛮好。我们想在业余意味上学之时，就从事“玩票”。学习上虽标明一个“玩”字，和职业艺员不同，可是玩到后来要拿得出手，在自得其乐以外还想他人承认，都明白必须自己狠心下苦功夫，好吊嗓子，学身段，以至于……用极长时间，兼有极大耐心，以及那个无可比拟的学习热忱，慢慢地来摸索训练，才可望得到一点点成就。然而到结果，这还不过是“玩票”！

另外是溜冰，更近乎业余游戏，比踢球简单方便。不必和他人共同协作，只要你自己会好好控制四肢，短期间即可得到参加的愉快。可是，要想做个什么国际选手，就依然必须深入三昧，造诣独臻。初次上场时，三五步基本动作，可从他人指点提挈得到一点帮助。至于要达到庖丁解牛，心领神会，无往不宜境界，学习情形，将依然回到“虔敬”“专一”“辛勤”三点上：即是古人敬神如在左右那个“虔敬”，古人学琴妨眼薰目那个“专一”，以及老老实实肯定承认勤能补拙那个“辛勤”。溜冰依旧不容易，求技近于道，得费多少心！

但在“玩”字上也有只要为人秉性小小聪敏，略经学习，即可得到进步，玩来十分省事的，即年来社会较上阶层流行的“扑克牌”和“交际舞”。等而下之，自更不用说。这些事，从各方面情形看来，都好像可以不学而能。我绝不怀疑有些人这方面的天赋。但想想，上层知识分子由于分工而兴趣隔离，又由于苦闷又必须交际，友谊黏合，来往过程，若已到竟只能用这个王爷、皇后，桃花、杏花纸片儿，交换猜谜游戏上，把其他国人船上水手或小酒店中小市民层的玩具，搬到中国交际社会，成为唯一沟通彼此有益身心娱乐点缀物，这个上层的明日，也就多么可怕！我们是不是还能希望从这个发展下有伟大的思想，伟大的人格，……哲学或艺术？又看到另外一种伟人在什么舞会中陶陶然样子，以及牌桌边“哈鸡”下注的兴奋神情，总不免有点使人悲从中来，对这个统治层完全绝望。这两个阶层，到处有好人，并不缺少真正学问和明朗人格，我们得承认。可是，他们玩的习惯方式，却依稀可观国运，见出民族精力的浪费，以及一点愚昧与堕落的混合。从这个玩的趋势上，还可以测验出这愚昧和堕落能生长，能传染，在生长，在传染。你是不是觉得这种“玩玩”和国家兴亡相去太远，无从连类并及，还有点相反意见？

这里到了一个两歧路上，看你准备向哪一个方向走去，你应当问问你自己：你要玩什么？且预备什么样一种态度玩下去？你要写文章，这不用说了。可是打量用作第一流票友学京戏方式玩下去，还是用“搭桥”“哈鸡”跳交际舞意识情绪玩下去？你若嗓子本还好，唱京戏、玩票，模仿话匣子自然容易入门。可是想要综合前人优秀成就，由模拟入神进而自张一军，纪录突破，能上台还不成，必须在台上还站得稳，真有几出拿手杰作听得下去，这必须如何用心才做得到！虽然玩票的中材下驷，在同乡会或某校、某院等等游戏会彩排清唱时，照例都容易博得满场鼓掌。若用“上司”身份出台，必更加容易见好。（有些人即仅仅装作在唱，做个姿势，毫不费力，随意丢了两个解手，还是同样有人送花篮，拍掌，末了还写批评恭维一大阵！）可是，这么唱戏哪会有真正好戏？这哪里算是唱戏？一切成功都包含在“打哈哈”意义中，本人毫无希望进步，对于戏的总成绩更不会有什么真贡献，是明明白白的。

现代文学的发展，也有个类似情形。

人人说这是个现实时代，能适应为第一义。一个新作者善于适应，似乎即格外容易露面，容易成功；一个成名作家善于适应，则将成为“不倒翁”。**不倒翁的制造，我们都明白，特点是上面空空而下座落实，重心不在自己头脑上，所以不必思索，亦可省去思索苦痛。造型上虽稍见滑稽，但实具有健全意味。**不必思索是他的特点，现代人因思索得的痛苦，也可免掉。如果时代趋势又已到不甚宜于人用脑子从思索上提出意见时，这种健全性对于许多人必更加见得重要。（只是在文学史上，这种作家却不能算数。）另外还有一种作家，即守住一种玩票陈旧规矩，把学习从第一步到终点，当成一个沉默艰苦的长途跋涉。憨而且戆地的把人生历史一齐摊在眼前，用头脑加以检讨，分析，条理，排比，选择，组织，处分。这个民族近数十年的爱和恨如何形成，如何分解了这个国家人民的观念和愿望，随后便到处是血与火泛滥焚烧，又如何造成万千的牺牲和毁灭。一切都若不必要，一切都若出于不得已，如此或如彼，他都清清楚楚。正因为认识得格外清楚，他将重新说明，重新诠释，重新为这个民族中真正多数，提出一种呼吁，抗议，并否定，让下代残余活在这个破碎国家土地上，可望稍稍合理些，幸福些！且由此出发，还能产生一些政治家，思想家，艺术家，事业家，敢于接受一种新的观念，头脑完全重造，从各种专家，公共卫生或生物化学等等专家，用一切近代知识技术，来处置支配这个民族的命运，来培养更小一代，发展更优秀品质，将国家，并世界，带入一个崭新的真正进步和繁荣，……说得明白简单一点，一个作家还能做许多事，只看你打量怎么样去做。你要“玩”，你在这条歧路上，向这边或那边走去？这里没有左和右，只是诚实和虚伪，沉重和虚浮，工作和游戏。两条路正在面前。**与其向我来问路，还不如先弄明白你要走的是什么路！**是学“搭桥”“哈鸡”，跳那个文明交际舞，即以为在努力接受近代文明，日子过得十分愉快？还是玩点别的，并用另外一种心情来学习，来从事。

你可敢把学习从最小处起始，每个标点都用得十分准确认真，每个字都去思索他的个别性质和相关意义，以及这些标点文字组织成句、成篇以后的分量？你可敢照一个深刻思想家的方式去“想”，照一个谨严宗教徒的方式去“信”，而照一个真正作家的方式慢慢地去“做”？

面对这些问题，你可相信人生极其复杂，学习的发展，并不建立在一个名词上即可见功，却在面对这个万汇百物交错并织的色彩和声音、气味和形体，……多方人间事，由于人与人的固执的爱和热烈的恨，因而形成迸发与对立，相引与相消，到某一时，且不免见出一种秩序平衡统统失去后的现实全盘混乱，在任何弥缝中都无济于事的崩毁。在这个现实过程中，许多人的头脑都已形成一种钝呆和麻木状态，保护了自己的存在以外，另无枨触。到一切意义都失去其本来应有意义时，一群有头脑的文学家，还能够用文字黏合破碎，重铸抽象，进而将一个民族的新的憧憬，装入一切后来统治者和多数人民头脑中，形成一种新的信仰，新的势能，重造一个新的时代，一种新的历史？

你先得学习“想”，学习向深处、远处“想”。这点出自灵台的一线光辉，很明显将带你到一个景物荒芜而大气郁勃的高处去，对人类前进向上做终生瞻望。

你需要学习，应学习的，实在此而不在彼。话说回来，这还也是一种“玩”！为的是玩到后来，玩累了，将依然不免为自然收拾，如庄子所谓“大块息我以死”。先得承认它的对于个体处分的合理，才会想得到现代活人自己处分自己为如何不合理，如何乱糟糟，如何有待于思想家、文学家、艺术家共同来重新组织一个世界。而你的工作，也可从这个方面选取一份相当沉重的什么到肩上，到手上，到灵魂上！

假若能倔强到底，人类的历史也许就不至于那么很平凡地写下去了。

驴子故事

记得一个佛经故事，忘了它的详细出处。那故事说：

从前有个商人，用一口袋豆子，调换得一匹驴子。等待双方交易弄妥后，商人觉得占了便宜，极其得意，就告给那个原先驴主，上了大当，因为他豆子原来是一袋坚硬如石的豆子。但那驴主听了这种坦白的陈述后，却十分从容，满不在乎，也老老实实告给那个商人：豆子虽是不中吃的豆子，自己还不蚀本，因为那匹驴子，是世界上最劣、最坏的驴子。（两人说时皆用的是五言韵语。）商人听说，换来的毛驴任何方法皆不能调伏驯善，就用种种语言试来恐吓毛驴。（他用的仍然是五言韵语。）他提到“钻脚钻股”“皮鞭抽背”“重压泥土”“太阳晾晒”，以及一大堆荒谬绝伦的话语，恐吓那粗毛畜生。那畜生平时既极倔强，自然毫不在意。并且它还居然也用人类的语言，说出种种抵抗折磨的方法，表示它也自有主张，且对于强权压迫，极有把握，绝不妥协。

遇到这种畜生，照例做主人的便无办法，除非把它杀掉。但杀掉又似乎并不能算作顶好的办法。但故事上却说，商人在无办法之中，忽然记起了两句格言来了，就一变先前一时主人对畜生那种态度，只软声柔气地，向小毛驴说着下面意思的话语：

“好朋友，你脸真白，雪也没有你那么白！你耳朵大，照相书上说是有福气的耳朵。你皮袄子青得很，太漂亮了。你为什么声音那么洪亮，你学唱歌包准出名！你那么体面，我正想为你讨个好太太；你放心，我替你选的太太一定是最标致的！”

那毛驴先前不是极强硬吗？一分钟前还说“我一步不走，谁也无法把我哄走”，但主人柔软的言语，已弄软了它的心，想起未来的幸福，便快乐了。毛驴乃说：“我本来能够身驮八百斤，日行三百里，现在我就可以试试。”它说时，显得又爽快又诚实，为了证明它说的话有凭有据，它当真即刻就驮了它新主人上了回家的大路。它的态度的改变，照人类平常的说法，则当名为“转变”。据故事说，这毛驴后来当真就如此转变了的。

故事到了这里，自然也就完事。

这毛驴转变以后做了多少有益于主人的事，故事不提及，人自然不知道的。

我并不因为这个故事离奇，方想起这个故事。只是因为这个故事上面所说的驴子，总觉得它像某种人。故事虽说的只是一匹驴子，似乎在人类中也常常可以发现。现在的人并无“身驮八百斤，日行三百里”的能力，然而也一定有那种平时好像极其倔强、具备乖劣毛驴神气，在“任什么皆不做”的精神下打发日子。到了后来，终于就被人用未来幸福与眼前利益哄去服务的。因此，想起那匹驴子软化以前的“神情”，总使我觉得有点惆怅。**人类的事大不必言，只单说那匹驴子假若能倔强到底，人类的历史也许就不至于那么很平凡地写下去了。**

具体的猥琐与抽象的庄严，它的分歧虽极明显，实同源于求生，各自想从生活中证实存在意义。

黑　魇

昆明市空袭威胁，因同盟国飞机数量增多后，俨然成为过去一种噩梦，大家已不甚在意。两年前被炸被焚的瓦砾堆上，大多数有壮大美观的建筑矗起。疏散乡下的市民，于是陆续离开了静寂的乡村，重新成为城里人。当“进城风气”影响到我住的那个地方时，家中会诅咒猫打喷嚏的张嫂，正受了梁山伯恋爱故事刺激，情绪不大稳定，就说：“太太，大家都搬进城里住去了，我们怎么不搬？城里电灯方便，自来水方便，先生上课方便，弟弟读书方便，还有你，太太，要教书更方便！我看你一天来回五龙浦跑十几里路，心都疼了。”

主妇不作声，只笑笑。这个建议自然不会成为事实，因为我们实无做城里人资格，真正需要方便的是张嫂。

过了两个月，张嫂变更了谈话方式：“太太，我想进城去看看我大姑妈，一个全头全尾的好人，心真好。五年不见面，托人带了信来，想得我害病！我陪她去住住，两个月就回来。我舍不得太太和小弟，一定会回来的！”

平时既只对于梁山伯婚事关心，从不提起过这位大姑妈。不过，从她叙述到另外一个女佣人进城后，如何嫁了个穿黑洋服的“上海人”那种充满羡慕神气，我们如看什么象征派新诗一样，有了个长长的注解，好坏虽不大懂，内容已完全明白，不好意思不让她试试机会。不多久，张嫂就换上那件灰线呢短袖旗袍，半高跟旧皮鞋，带上那个生锈的洋金手表，脸上还敷了好些白粉，打扮得香喷喷的，兴奋而快乐，骑马进城看她的抽象姑妈去了。

我仍然在乡下不动，若房东好意无变化，住到战争结束，亦未可知。温和阳光与清爽空气，对于孩子们健康既有好处。寄居了将近五年，两个相连接的雕花绘彩大院落，院落中的人事新陈代谢，也使我觉得在乡村中住下来，比城市还有意义。户外看长脚蜘蛛在仙人掌间往来结网，捕捉蝇蛾，辛苦经营，不惮烦劳，还装饰那个彩色斑驳的身体，吸引异性，可见出简单生命求生的庄严与巧慧。回到住处时，看看几个乡下妇人，在石臼边为唱本故事上的姻缘不偶，眼中浸出诚实热泪，又如何发誓赌咒，解脱自己小小过失，并随时说点谎话，增加他人对于一己信托与尊重，更可悟出人类生命取予形式的多方。我事实上也在学习一切，不过和别人所学的不大相同罢了。

在腹大头小的一群官商合作、争夺钞票局面中，物价既越来越高，学校一点收入，照例不敷日用。我还不大考虑到“兼职”“兼差”问题，主妇也不会和乡下人打交道做“聚草屯粮”计划，为节约计，佣人走后，大小杂务都自己动手。磨刀、扛物是我二十年老本行，做来自然方便容易。烧饭、洗衣就归主妇，这类工作通常还与校课衔接。遇挑水拾树叶，即动员全家人丁，九岁大的龙龙，六岁大的虎虎，一律参加。一面工作，一面也就训练孩子，使他们从服务中得到劳动愉快和做人尊严。干的，湿的，有什么吃什么，没有时，苞谷、红薯当饭吃。凡是一般人认为难堪的，我们都不以为意。孩子们的欢笑歌呼，于家庭中带来无限生机与活力。主妇的身心既健康又素朴，接受生活、应付生活俱见出无比的勇气和耐心，尤其是共同对于生命有个新的态度，日子过下去，似乎并不如何困难。

一般人要生活，从普通比较见优劣，或多有件新衣和双鞋子，照例即可感到幸福。日子稍微窘迫，或发现有些方面不如人，没法从社交方式弥补，依然还不大济事时，因之许多高尚脑子，到某一时，自不免又会悄悄地做些不大高尚的打算。许多人的聪明才智，倒常常表现成为可笑行为。环境中的种种见闻，恰做成我们另外一种教育，既不重视也并不轻视。正好让我们明白，同样是人生，可相当复杂，从复杂景象中，可以接触人生种种。**具体的猥琐与抽象的庄严，它的分歧虽极明显，实同源于求生，各自想从生活中证实存在意义。生命受物欲控制，或随理想发展，只因取舍有异，结果自不相同。**

我凑巧拣了那么一个古怪职业，照近二十年社会习惯，称为“作家”。工作对社会国家也若有些微作用，社会国家对本人可并无多大作用。虽名为职业，然无从靠它生活。情形最为古怪处，便是这个工作虽不与生活发生关系，却缚住了我的生命，且将终其一生，无从改弦易辙。另一方面，又必然迫使我超越通常个人爱憎，充满兴趣，鼓足勇气去明白“人”，理解“事”，分析人事中那个“常”与“变”，偶然与凑巧，相左或相仇，将种种情形所产生的哀乐得失式样，用来教育我，折磨我，营养我，方能继续工作。

千载前的高士，抱着单纯的信念，因天下事不屑为而避世，或弹琴赋诗，或披裘负薪，隐居山林，自得其乐。虽说不以得失荣利婴心，却依然保留一种愿望，即天下有道，由高士转而为朝士的愿望。做当前的“候补”高士，可完全活在一个不同心情状态中。生活简单而平凡，在家事中，尽手足勤劳之力打点小杂。义务尽过后，就带了些纸和书籍，到有和风与阳光草地上，来温习温习人事，思索思索人生。先从天光云影、草木荣枯中有所会心，随即由大好河山的丰腴与美好，和人事上的无章次处，两相对照，慢慢地从这个不剪裁的人生中，发现了“堕落”二字真正的意义，又慢慢地从一切书本上，看出那个堕落因子，又慢慢地从各阶层间，看出那个堕落因子传染浸润现象。尤其是读书人，倦于思索、怯于怀疑、苟安于现状的种种，加上一点为贤内助谋出路的打算，如何即形成一种阿谀不自重风气。……我于是逐渐失去了原来与自然对面时应得的谧静。我想呼喊，可不知向谁呼喊。

“这不成！这不成！人虽是个动物，希望活得幸福，但是人究竟和别的动物不同，还需要活得尊贵！如果少数人的幸福，原来完全奠基于一种不义的习惯，这个习惯的继续，不仅使多数人活得卑屈而痛苦，死得糊涂而悲惨，还有更可怕的，是这个现实将使下一代，堕落的更加堕落，困难的越发困难，我们怎么办？如果真正的多数幸福，实决定于一个民族劳动与知识的结合，从极合理方式中将它的成果重做分配，在这个情形下，民族中的一切优秀分子，方可得到更多自由发展的机会。在争取这个幸福过程时，我们实希望人先要活得贵尊些！我们当前便需要一种‘清洁运动’，必将现在政治的特殊包庇性，和现代商业的驵侩气，以及三五无出息的知识分子所提倡的变相鬼神迷信，于年轻生命中所形成的势利、依赖、狡猾、自私诸倾向，完全洗涮干净，恢复了二十岁左右头脑应有的纯正与清明，来认识这个世界，并在人类驾驭钢铁、征服自然才智竞争中，接受这个民族一种新的命运。我们得一切重新起始，重新想，重新做，重新爱和恨，重新信仰和怀疑……”

我似乎为自己所提出的荒谬问题愣住了。试左右回顾，身边只是一片明朗阳光，漂浮于泛白枯草上。更远一点，在阳光下各种层次的绿色，正若向我包围，越来越近。虽然一切生命无不取给于绿色，这里却不见一个人。

重新来检讨影响到这个民族正当发展的一切抽象原则，以及目前还在运用它作工具的思想家或统治者，被它所囚缚的知识分子和普通群众时，顷刻间便俨若陷溺到一个无边无际的海洋里，把方向也迷失了。只到处见用出各式各样材料做成满载“理想”的船舶，数千年来永远于同一方式中，被一种卑鄙自私形成的力量所摧毁，剩下些破帆与碎桨在海面漂浮。到处见出同样取生命于阳光，繁殖大海洋中的简单绿色荇藻，正唯其异常单纯，便得到生命悦乐。还有那个寄生息于荇藻中的小鱼、小虾，亦无不成群结伴，悠然自得，各适其性。海洋较深处，便有一群种类不同的鲨鱼，狡狠敏捷，锐齿如锯，于同类、异类中有所争逐，十分猛烈。还有一只只黑色鲸鱼，张大嘴时，万千细小蛤蚧和乌贼、海星，即随同巨口张合做成的潮流，消失于那个深渊无底洞口。庞大如山的鱼身，转折之际本来已极感困难，躯体各部门，尚可看见万千有吸盘的大小鱼类，用它吸盘紧紧贴住，随同升沉于洪波巨浪中。这一切生物，在海面所产生的漩涡与波涛，加上世界上另外一隅寒流、暖流所产生的变化，卷没了我的小小身子，复把我从白浪顶上抛起。试伸手有所攀缘时，方明白，那些破碎板片，已腐朽到全不适用。但见远外仿佛有十来个衣冠人物，正在那里收拾海面残余，扎成一个简陋筏子。仔细看看，原来载的是一群两千年未坑尽的腐儒，只因为活得寂寞无聊，所以用儒家的名分，附会谶纬星象征兆，预备做一个遥远跋涉，去找寻矿产，熔铸九鼎。这个筏子向我慢慢漂来，又慢慢远去，终于消失到烟波浩渺中不见了。

试由海面向上望，忽然发现蓝穹中一把细碎星子，闪烁着细碎光明。从冷静星光中，我看出一种永恒，一点力量，一点意志。诗人或哲人，为这个启示反映于纯洁心灵中，即成为一切崇高理想。过去诗人受牵引迷惑，对远景凝眸过久，失去条理，如何即成为疯狂，得到平衡如何即成为法则，简单法则与多数人心汇合时，如何产生宗教，由迷惑、疯狂到个人平衡过程中，又如何产生艺术。一切真实伟大艺术，都无不可见出这个发展过程和终结目的。然而这目的，说起来，和随地可见蚊蚋集团的“嗡嗡嘤嘤”要求的终点，距离未免相去太远了。

微风掠过面前的绿原，似乎有一阵新的波浪从我身边推过。我攀住了一样东西，于是浮起来。你攀住的是这个民族在忧患中受试验时的一切活人素朴的心。年轻男女，入社会以前对于人生的坦白与热诚，未恋爱以前对于爱情的腼腆与纯粹。还有那个在城市、在乡村、在一切边陬僻壤埋没无闻卑贱简单工作中，低下头来的正直公民，小学教师或农民，从习惯中受侮辱、受挫折、受牺牲的广泛沉默。沉默中所保有的民族善良品性，如何适宜培养爱和恨的种子！

强烈照眼阳光下，蚕豆、小麦做成的新绿，已掩盖了远近赭色田亩。面对这个广大的绿原，一端衔接于泛银光的滇池，一端却逐渐消失于蓝与灰融合而成的珠色天际，我仿佛看到一些种子，从我手中撒去，用另外一种方式，在另外一时，同样一片蓝天下，形成的繁荣。

有个脆弱而充满快乐情感的声音，在高大仙人掌丛后锐声呼唤：“爸爸，爸爸，快回来，不要走得太远，大家提水去！”

我知道，我的心确实走得太远，应当回家了。

原来那个六岁大的虎虎，已从学校归来，准备为家事服务了。

孩子们取水的溪沟边，另外一时，每当晚饭前后，必有个善于弹琴唱歌聪明活泼的女子，带了他到那个松柏成行的长堤上去散步，看滇池上空一带如焚如烧的晚云，和镶嵌于明净天空中梳子形淡白新月，共同笑乐。

这个亲戚走后，过不久又来了一个生活孤独性情淳厚的诗人朋友，依然每天带了他到那里去散步。朋友为娱乐自己，并娱乐孩子，常把绿竹叶片折成的小船，装上一点红白野花，一点玛瑙石子，以及一点单纯忧郁隐晦的希望，和孩子对于这个行为的痴愿与祝福，乘流而去。小船去不多远，必为溪中洑流或岸旁下垂树枝做成的漩涡搅翻。在诗人和孩子心中，却同样以为，终有一天会直达彼岸。生命愿望凡从星光、虹影中取决方向的，正若随同一去不复返的时间，渐去渐远，纵想从星光、虹影中寻觅归路，已不可能。

晚饭时，从主妇口中才知道，家中半天内已来过好些客人。甲先生叙述一阵贤明太太们用变相高利贷“投资”的故事，就走了。乙太太叙述一阵家庭小纠纷问题，为自己丈夫作了个不美观画像，也走了。丙小姐和丁博士又报告……

主妇笑着说：“他们让我知道许多事情，可无一个人知道我们今天卖了几升麦子才能过年。”

我说：“我们就活到那么一个世界中，也是教育，也是战争！”

“我倒觉得人各有好处，从性情上看来，这些朋友都各有各的好处。……”

“这话从你口中说出时，很可以增加他们一点自尊心，若果从我笔下写出，可就会以为是讽刺了。许多人过日子的方法，一生的打算，以至于从自己口中说出的话语，都若十分自然，毫不以为不美，不合适。且会觉得，在你面前如此表现，还可见出友谊的信托和那点本性上的坦白天真。可是一到由另一个人照实写下来，就不免成为不美观的讽刺画了。我容易得罪人在此。这也就是我这支笔常常避开当前社会，去写传奇故事的原因。一切场面上的庄严，从深处看，将隐饰部分略作对照，必然都成为漫画。我并不乐意做个漫画家！实在说来，对于一切人的行为和动机，我比你更多同情。我从不想到过用某一种标准去度量一般人，因为我明白人太不相同。不幸是它和我的工作关系又太密切，所以间或提及这个差别时，终不免有点痛苦，企图中和这点痛苦，反而因之会使这些可爱灵魂痛苦。我总以为做人和写文章一样，包含不断的修正，可以从学习得到进步。尤其是读书人，从一切好书取法，慢慢地会转好。事实上可不大容易。真如×说的，‘蝗虫集团从海外飞来，还是蝗虫’。如果是虎豹呢，即或只剩下一牙一爪，也可见出这种山中猛兽的特有精力和雄强气魄！不幸的是现代文化，便培养了许多‘蝗虫’。”

主妇一遇到涉及人的问题时，照例只是微笑。从微笑中，依稀可见出“察渊鱼者不祥”一句格言的反光，或如另一时论起的，“我即使觉得他人和我理想不同，从不说；你一说，就糟了。你自以为深刻的，可想不到在人家容易认为苛刻。他们从我的沉默中，比由你文章中可以领会更多的同情。”

我想起先前一时在田野中感觉到的广泛沉默，因此又说：“**沉默也是一种难得的品德，从许多方面可以看得出来。因为它在同情之外，还包含容忍，保留否定。**可是这种品德，是无望于某些人的。说真话，有些人不能沉默的表现上，我倒时常可以发现一种爱娇，即稍微混合一点儿做作亦无关系。因为大都本源于求好。求好心太切，又缺少自信、自知，有时就不免适得其反。许多人在求好行为上摔跤，你亲眼看到，不作声，就称为忠厚；我看到，充满善意想用手扶一扶，反而不成！虎虎摔跤也不欢喜人扶的！因为这伤害了他的做人自尊心！”

孩子们见提到本身问题，龙龙插嘴说：“妈妈，奇怪，我昨天做了个梦，梦到张嫂已和一个人结婚，还请我们吃酒。新郎好像是个洋人。她欢喜洋人？”

小虎虎说：“可是洋人说她身体长得好看，用尺量过？洋人要哄张嫂，一定也去做官。”

龙龙的好奇心转到报纸上：“报上说大嘴笑匠到昆明来了，是什么人？是不是在联大演讲的林语堂？”

虎虎还想有所自见："我也做了个梦，梦见四姨坐只大船从溪里回来，划船的是个顶熟的人。船比河大。诗人舅舅在堤上，拍拍手，口说'好，好！'就走开了。我正在提水，水桶上那个米老鼠也看见了，当真的。"

虎虎的作风是打趣争强，使龙龙急了起来："唉咦！小弟，你又乱来。你就只会捣乱，青天白日也睁了双大眼睛做梦！"

"一切愿望都神圣庄严，一切梦想都可能会实现。"我想起许多事情。好像前面有了一幅涂满各种彩色的七巧板，排定了个式子，方的叫什么，长的象征什么，都已十分熟悉。忽然被孩子们四只小手一搅，所有板片虽照样存在，部位秩序可完全给弄乱了。原来情形，只有板片自己知道，可是板片却无从说明。

小虎虎果然正睁起一双大眼睛，向虚空看得很远。海上复杂和星空壮丽，既影响我一生，也会影响他将来命运。为这双美丽眼睛，我不免稍稍有点忧愁。因此为他说了个佛经上驹那罗王子的故事：

"……那王子一双极好看的眼睛，瞎了又亮了。就和你眼睛一样，黑亮亮的，看什么都清清楚楚；白天看日头不眨眼，夜间在这种灯光下还看得见屋顶上小疟蚊。为的是做人正直而有信仰，始终相信善。他的爸爸就把那个紫金钵盂，拿到全国各处去。全国各地年轻美丽女孩子，听说王子瞎了眼睛，为同情他受的委屈，都流了眼泪。接了大半钵这种清洁眼泪，带回来一洗，那双眼睛就依旧亮光光的了！"

主妇笑看不作声，清明目光中仿佛流注一种温柔回答："从前故事上说，王子眼睛被恶人弄瞎后，要用美貌女孩子纯洁眼泪来洗，才可重见光明。现在的人呢，要从勇敢正直的眼光中得救。"

我因此补充说："小弟，一个人从美丽温柔眼光中，也能得救！譬如说……"

孩子的心被故事完全征服了，张大着眼睛，对他母亲十分温驯地望着："妈妈，你的眼睛也亮得很，比我的还亮！"

至干高级官吏和那个全民代表，则高踞病态社会组织最上层，不外三件事娱乐开心：一是逛窑子，二是上馆子，三是听乐子。最高理想是讨几个小婊子，找一个好厨子。

从现实学习

——近年来，有人说我不懂“现实”，追求“抽象”，勇气虽若热烈，实无边际。在杨、墨并进时代，不免近于无所归依，因之“落伍”。这个结论不错，平常而自然。极不幸即我所明白的“现实”，和从温室中培养长大的知识分子所明白的全不一样，和另一种出身小城市自以为是属于工农分子明白的也不一样，所以不仅目下和一般人所谓现实脱节，即追求抽象方式，恐亦不免和其他方面脱节了。试疏理个人游离于杨、墨以外种种，写一个小文章，用作对于一切陌生访问和通信所寄托的责备与希望的回答。

我第一次听到“现实”两个字，距如今已二十五年。我原是个不折不扣的乡巴佬，辗转于川、黔、湘、鄂二十八县一片土地上。耳目经验所及，属于人事一方面，好和坏都若离奇不经。这份教育，对于一个生于现代城市中的年轻人，实在太荒唐了。可是若把它和目下还存在于中国许多事情对照对照，便又会觉得极平常了。当时，正因为所看到的好的农村种种，逐渐崩毁，只是大小武力割据统治做成的最愚蠢的争夺打杀，对于一个年轻人，教育意义是现实，一种混合愚蠢与堕落的现实，流注浸润，实在太可怕了，方从那个半匪半军部队中走出。不意一走，便撞进了住有一百五十万市民的北京城。第一回和一个亲戚见面时，他很关心地问我："你来北京，做什么的？"我即天真烂漫地回答说："我来寻找理想，读点书。""嗐，读书。你有什么理想，怎么读书？你可知道，北京城目下就有一万大学生，毕业后无事可做，愁眉苦脸，不知何以为计。大学教授薪水，十折一，只三十六块钱一月，还是打躬作揖联合罢教软硬并用争来的。大小书呆子，不是读死书就是读书死，哪有你在乡下做老总有出息！"

"可是我怎么做下去？六年中，我眼看在脚边杀了上万无辜平民，除对被杀的和杀人的留下个愚蠢残忍印象，什么都学不到！做官的有不少聪明人。人越聪明，也就越纵容愚蠢气质抬头，而自己俨然高高在上，以万物为刍狗。被杀的临死时的沉默，恰像是一种抗议：'你杀了我肉体，我就腐烂你灵魂。'灵魂是个看不见的东西，可是它存在，它将从另外许多方面能证明存在。这种腐烂，是有传染性的，于是大小军官就相互传染下去，越来越堕落，越变越坏。你可想得到，一个机关，三百职员，有百五十支烟枪，是个什么光景？我实在待不下了，才跑出来！……我想来读点书，半工半读，读好书救救国家。这个国家这么下去，实在要不得！"

我于是依照当时《新青年》《新潮》《改造》等等刊物所提出的文学运动、社会运动原则意见，引用了些使我发迷的美丽辞令，以为社会必须重造，这工作得由文学重造起始，文学革命后，就可以用它燃起这个民族被权势萎缩了的情感，和财富压瘪扭曲了的理性。两者必须解放，新文学应负责任极多。我还相信，人类热忱和正义终必抬头，爱能重新黏合人的关系。这一点，明天的新文学也必须勇敢担当。我要那么从外面给社会的影响，或从内里本身的学习进步，证实生命的意义和生命的可能。说去说来，直到自己也觉得不知所谓时，方带怔止住。事实上呢，只需几句话，即已足够了。“我厌恶了我接触的好的日益消失坏的支配一切那个丑恶现实。若承认它，并好好适应它，我即可慢慢升科长，改县长，做厅长。但我已因为厌恶而离开了。”至于文学呢，我还不会标点符号！我承认应当从这个学起，且丝毫不觉得惭愧。因为我相信报纸上说的，一个人肯勤学，总有办法的。

亲戚为人本富于幽默感，听过我的荒谬绝伦抒情议论后，完全明白了我的来意，充满善心对我笑笑地说：“好，好，你来得好。人家带了弓箭药弩入山中猎取虎豹，你倒赤手空拳带了一脑子不切实际幻想，入北京城做这份买卖。你这个古怪乡下人，胆气真好！凭你这点胆气，就有资格来北京城住下，学习一切、经验一切了。可是我得告你，既为信仰而来，千万不要把信仰失去！因为除了它，你什么也没有！”

我当真就那么住下来了。摸摸身边，剩余七块六毛钱。“五四运动”以后第三年。

怎么向新的现实学习？先是在一个小公寓湿霉霉的房间，零下十二度的寒气中，学习不用火炉过冬的耐寒力。再其次是三天两天不吃东西，学习空空洞洞腹中的耐饥力。再其次是从饥寒交迫无望无助状况中，学习进图书馆自行摸索的阅读力。再其次是起始用一支笔，无日无夜写下去，把所有作品寄给各报章杂志，在毫无结果等待中，学习对于工作失败的抵抗力与适应力。各方面的测验，间或不免使得头脑有点儿乱，实在支撑不住时，便跟随什么奉系、直系募兵委员手上摇摇晃晃那一面小小白布旗，和五七个面黄肌瘦不相识同胞，在天桥杂耍棚附近转了几转，心中浮起一派悲愤和混乱。到快要点名填志愿书发饭费时，那亲戚说的话，在心上忽然有了回音，“可千万别忘了信仰！”这是我唯一老本，我哪能忘掉？便依然从现实所做成的混乱情感中逃出，把一双饿得昏花，蒙眬的眼睛，看定远处，借故离开了那个委员，那群同胞，回转我那“窄而霉小斋”，用空气和阳光做知己，照旧等待下来了。记得郁达夫先生第一次到我住处来看看，在口上，随后在文章上，都带着感慨劝我向亲戚家顺手偷一点什么，即可从从容容过一年时，我只笑笑。为的是他只看到我的生活，不明白我在为什么而如此生活。这就是我到北方来追求抽象，跟现实学习，起始走的第一段长路，共约四年光景。年轻人欢喜说“学习”和“斗争”，可有人想得到，这是一种什么学习和斗争！

这个时节，个人以外的中国社会呢，代表武力有大帅，巡阅使，督军和马弁……。代表文治有内阁和以下官吏到传达。代表人民有议会、参众两院到乡约、保长。代表知识有大学教授到小学教员。武人的理想为多讨几个女戏子，增加家庭欢乐。派人和大土匪或小军阀招安搭伙，膨胀实力。在会馆、衙门做寿，摆堂会，增加收入，并表示阔气。再其次，即和有实力的地方军人，与有才气的国会文人，叙谱打亲家，企图稳定局面或扩大局面。凡属武力，一直到火伕、马伕，还可向人民作威作福，要马料柴火时，吓得县长越墙而走。至于高级官吏和那个全民代表，则高踞病态社会组织最上层，不外三件事娱乐开心：一是逛窑子，二是上馆子，三是听乐子。最高理想是讨几个小婊子，找一个好厨子。（“五子登科”原来也是接收过来的！）若兼做某某军阀驻京代表时，住处即必然成为一个有政治性的俱乐部，可以唱京戏，推牌九，随心所欲，京兆尹和京师警察总监绝不会派人捉赌。会议中照报上记载看来，却只闻相骂，相打，打到后来，且互相上法院起诉。两派议员开会，席次相距较远，神经兴奋无从交手时，便依照《封神演义》上作战方式，一面大骂，一面祭起手边的铜墨盒法宝，远远抛去，弄得个墨汁淋漓。一切情景，恰恰像《红楼梦》顽童茗烟闹学，不过在庄严议会表演而已。相形之下，会议中的文治派，在报上发表的宪法、约法主张，自然见得黯然无色。任何理论都不如现实具体，但这却是一种什么现实！在这么一个统治机构下，穷是普遍的事实。因之解决它，即各自着手。管理市政的卖城砖，管理庙坛的卖柏树，管理宫殿的，且因偷盗事物过多难于报销，为省事计，索性放一把火将那座大殿烧掉，无可对证。一直到管理教育的一部之长，也未能免俗，把京师图书馆的善本书，提出来抵押给银行，用为发给部员的月薪。

总之，凡典守保管的，都可以随意处理。即自己性命还不能好好保管的大兵，住在西苑时，也异想天开，把圆明园附近大路路面的黄麻石，一块块撬起，卖给附近学校人家起墙造房子。卖来买去，政府当然就卖倒了。一团腐烂，终于完事。但促成其崩毁的新的一群，一部分既那么贴近这个腐烂堆积物，就已经看出一点征象，于不小心中沾上了些有毒细菌。当时既不曾好好消毒防止，当然便有相互传染之一日。

从现实以外看看理想，这四年中也可说是在一个新陈代谢挣扎过程中。文学思想运动已显明在起作用，扩大了年轻学生对社会重造的幻想与信心。那个人之师的一群呢，“五四”已过，低潮随来。官僚取了个最像官僚的政策，对他们不闻不问，使教书的同陷于绝境。然而社会转机也即在此。教授过的日子虽极困难，唯对现实的否定，差不多却有了个一致性。学生方面，则热忱纯粹分子中，起始有了以纵横社交方式活动的分子，且与“五四”稍稍不同，即“勤学”与“活动”已分离为二。不学并且像是一种有普遍性的传染病。（这事看来小，发展下去，影响就不小！）“五四”的活动分子，大多数都成了专家学者，对社会进步，始终能正面负责任。“三一八”的活动分子，大多数的成就，便不易言了。许多习文学的，当时即搁了学习的笔，在种种现实中活动，联络这个，对付那个，欢迎活的，纪念死的，开会，打架——这一切，又一律即名为革命过程中的争斗，庄严与猥亵的奇异混合，竟若每事的必然，不如此，即不称其为活动。问问“为什么要这样？”就中熟人即说：“这个名叫政治。政治学，权力第一。如果得到权力，就是明日伟大政治家。”这一来，我这个乡下人可糊涂了。第一是料想不到文学家的努力，在此而不在彼。其次是这些人将来若上了台，能为国家做什么事？有些和我相熟的，见我终日守在油腻腻桌子边出神，以为如此待下去，不是自杀必然会发疯。从他们口中，我第二次听到现实，证明抽象的追求现实方式。

“老弟，不用写文章了。你真太不知道现实，净做书呆子，做白日梦，梦想产生伟大的作品，哪会有结果？不如加入我们一伙，有饭吃，有事做，将来还可以——只要你愿意，什么都不难。”

“我并不是为吃饭和做事来北京的！”

“那为什么？难道当真喝北风、晒太阳可以活下去？欠公寓伙食账太多时，半夜才能回住处，欠馆子饭账三五元，就不大能从门前走过。一个人能够如此长远无出息地活下去？我问你。”

“为了证实信仰和希望，我就能够。”

“信仰和希望，多动人的名词，可是也多空洞！你就呆呆地守住这个空洞名词，拖下去，挨下去，以为世界有一天忽然会变好？老弟，世界上事不那么单纯，你所信仰希望的，唯有革命方能达到。革命是要推翻一个当前，不管它好坏，不问用什么手段，什么方式。这是一种现实。你出力参加，你将来就可做委员，做部长，什么理想都可慢慢实现。你不参加，那就只好做个投稿者，写三毛五一千字的小文章，过这种怪寒伧的日子下去了。”

“你说信仰和希望，只是些单纯空洞名词，对于我并不如此。它至少将证明一个人由坚信和宏愿，能为社会做出点切切实实的贡献。譬如科学……”

“不必向我演说，我可得走了。我还有许多事情！四点钟还要出席同乡会，五点半出席恋爱自由讨论会，八点还要……老弟，你就依旧写你的杰作吧，我要走了。”

时间于是过去了，“革命”成功了。现实使一些人青春的绿梦全褪了色。我那些熟人，当真就有不少凭空做了委员，娶了校花，出国又回国，从作家中退出，成为手提皮包一身打磨得光亮亮小要人的。但也似乎证实了我这个乡下人的呆想头，并不十分谬误。做官固然得有人，做事还要人，挂个作家牌子，各处活动，终日开会吃点心固然要人，低头从事工作更要人。守住新文学运动所提出的庄严原则，从“工具重造”观点上锲而不舍、有所试验的要人，从“工具重用”观点上，把文学用到比宣传品作用深远一些，从种种试验取得经验，尤其要人。革命如所期待的来临，也如所忧虑的加速分化。在这个现实过程中，不幸的做了古人，幸运的即做了要人。文学成就是各自留下三五十首小诗，或三五篇小说，装点装点作家身份。至于我呢，真如某兄所说，完全落了伍。因为革命一来，把三毛到一元文字的投稿家身份也剥夺了，只好到香山慈幼院去，做个小职员。但自己倒不在意，只觉得刚走毕第一段路，既好好接触这个新的现实，明白新的现实，一切高尚理想通过现实时，所形成的分解与溃乱，也无一不清清楚楚，而把保留叙述这点儿现实引为己任，以为必可供明日悲剧修正的参考。

在革命成功热闹中，活着的忙于权利争夺时，刚好也是文学作品和商业资本初次正式结合，用一种新的分配商品方式刺激社会时，现实政治和抽象文学亦发生了奇异而微妙的联系。我想要活下去，继续工作，就必得将工作和新的商业发生一点关系。我得起始走进第二步路，于是转到一个更大、更现实的都市，上海。上海的商人，社会，以及作家，便共同给我以另外一课新的测验，新的经验。

当时情形是，一个作家总得和某方面有点关联，或和政治，或和书店——或相信，或承认，文章出路即不大成问题。若依然只照一个“老京派”方式低头写，写来用自由投稿方式找主顾，当然无出路。且现代政治的特殊包庇性，既已感染到作家间，于是流行一种现实争斗，一律以小帮伙作基础，由隔离形成小恩小怨，对立并峙。或与商业技术合流，按照需要，交换阿谀，标榜同道，企图市场独占。或互相在文坛消息上制造谣言，倾覆异己，企图取快一时。在这种变动不安、是非不明的现实背景中，人的试验自然也因之而加强。为适应环境，更需要眼尖手快，以及能忽彼忽此。有昨日尚相互恶骂，今日又握手言欢的；有今天刚发表雄赳赳的议论，大家正为他安全担心，隔一日却已成为什么什么老伙计的；也有一面兼营舞场经理，赌场掌柜，十分在行，一面还用绿色水笔写恋爱诗，红色水笔写革命诗的。……总之，千奇百怪，无所不有。对于文学，由这些人说来，不过是一种求发展、求生存的工具或装饰而已。既不过是工具或装饰，热闹而不认真处，自然即种下些恶种子，影响于社会的将来。很可惜，即一些准备执笔的年轻朋友，习染于这个风气中，不能不一面学习写作，一面就学习，送丧拜寿。其时，个人用个虔诚谨慎态度有所写作，成绩足以自见的，固不乏人。但一到集团，便不免空空洞洞。集团表面越势力赫赫，这部门也就越见得空虚。文运既由个人自由竞争，转而成为党团或书商势力和钱财的堆积比赛，老板为竞争营业计，因之昨日方印行普罗文学，明日又会提倡儿童、妇女教育。对作家，则一律以不花钱为原则，减少商品成本，方合经济学原理。但为营业计，每一书印出，尚可见大幅广告出现，未尝不刺激了作者，以为得不到金钱，总还有个读者。至于政治，则既有那种用作家名分做委员要人的在内，当然还要文学。因此，到某一天，首都什么文学夜会时，参加的作家便到了四五百人。且有不少女作家。事后，报上还很生动地叙述这个夜会中的种种，以为要人和美丽太太都出席，增加了夜会的欢乐进步空气。要人之一，其实即是和我同在北平小公寓中住下，做了十多年作家，还不曾印行过一个小小集子的老朋友。也就是告我政治即权力的活动家。夜会过后，这“魔手生蛋”一般出现的四百作家，也就似乎忽然消失了，再不曾听说有什么作品上报了。这个现实象征的是什么，热闹是否即进步，或稍稍有点进步的希望?现实对某些人纵不可怕，对年轻的一辈却实在是影响恶劣。原来，一种新的腐败已传染到这个部门，一切如戏，点缀政治。无怪乎“文学即宣传”一名词，毫无人感觉奇异。……乡下人觉得，三年中在上海已看够了，学够了，因之回到了北平，重新消失于一百五十万市民群中，不见了。我明白，还只走完第二段路，尚有个新的长长的寂寞跋涉，待慢慢完成。北平的北风和阳光，比起上海、南京的商业和政治来，前者也许还能督促我，鼓励我，爬上一个新的峰头，贴近自然，认识人生。

我以为，作家本无足贵，可贵者应当是他能产生作品。作品亦未必尽可贵，可贵者应当他的成就或足为新文学运动提出个较高标准，创造点进步事实：一面足以刺激更多执笔者，有勇气，能做各种新的努力和探险；一面且足以将作品中可浸润寄托的宏博深至感情，对读者能引起普遍而良好的影响。**因此，一个作家，当然不能仅具个作家身份，即用此身份转而成为现实政治的清客，或普通社会的交际花为已足。**必须如一般从事科学或文史工作者，长时期沉默而虔敬地有所从事，在谨严认真持久不懈态度上，和优秀成就上，都有同样足资模范的纪录。事业或职业部门，多念念不忘出路、不忘功利的，很可以在其他部门中得到更多更方便机会，不必搞文学，不必充作家。政治上，负责者无从扶助这个部门的正常发展，也就得放弃了它，如放弃学校教育一样，将它一律交给自由主义者，听其在阳光和空气下自由发展。（教育还包含了点权利，必国家花钱。至于文学，却近乎完全白尽义务，要的是政府给予以自由，不是金钱！）这个看法，本极其自然，与事实需要亦切合，然于时政治上，已有个独占趋势。朝野既还有那些走路像作家，吃饭像作家，稿纸上必印就“××创作用稿”，名片上必印就“××文学会员”的活动人物，得在上海争文运，作为政治据点，且寄食于这个名分上。因之在朝、在野可做成的空气，就依然还是把作家放入宣传机构做属员为合理。凡违反这个趋势的努力，都近于精力白费，不知现实。“民族文学”“报告小说”等等名词，即应运而生。多少人的活动，也因之与中国公文政治有个一致性，到原则方案提出后，照例引起一阵辩论。辩论过后，告一段落，再无下文。正因为空文易热闹，实难见好，相互之间争持名词是非，便转而越见激烈。到无可争持时，同属一伙，还得争个名分谁属，谁发明，谁领导，来增加文运活泼空气。真如所谓“妄人争年，以后止者为胜”，虽激烈而持久，无助于真正进步，亦可想而知！活泼背后的空虚，一个明眼人是看得出的。

文学运动既离不了商业竞卖和政治争夺，由切实工作转入宣传铺张，转入死丧庆吊仪式趋赴里，都若有个夙命的必然。在这个风气流转中，能制造点缀“时代”风景的作家，自然即无望产生受得住岁月陶冶的优秀作品。玩弄名词复陶醉催眠于名词下的作家，既已很多了，我得和那个少数争表现。工作也许比他人的稍麻烦些，沉闷些，需保持单纯和严谨，从各方面学习试用这支笔，才能突破前人，也超越自己。工作游离于理论纠纷以外，于普通成败得失以外，都无可避免。即作品的表现方式，也不得不从习惯以外，有所寻觅，有所发现，扩大它，重造它，形成一种新的自由要求的基础。因之试从历史传说上重新发掘，腐旧至于佛典中喻言禁律，亦尝试用一种抒情方式，重新加以处理，看看是不是还能使之翻陈出新。文体固定如骈文和偈语，亦尝试将它整个解散，与鄙俚口语重新拼合，证明能不能产生一种新的效果。我还得从更多不同地方的人事和景物取证，因之不久又离开北京，在武汉，在青岛各地来去，过了三年。就中尤以在青岛两年中，从多阳光的海岸边所做的长时间的散步，大海边的天云与海水，以及浪潮漂洗得明莹如玉的螺蚌残骸，所得的沉默无声的教育，竟比一切并世文豪理论反而还具体。唯工作方式既游离于朝野文学运动理论和作品所提示的标准以外，对于寄食的职业，又从不如何重视，所以对普遍生活言，我近于完全败北。然而对于工作信仰和希望，却反而日益明确。在工作成就上，我明白，还无望成为一个优秀作家，在工作态度上，却希望能无愧于手中一支笔，以及几个良师益友，一群赞赏者对于这支笔可做的善意期许。

东北陷于日人手中后，敌人势力逼近，平津、华北有特殊化趋势。为国家明日计，西北或河南、山东，凡事都得要重新做起，问题不轻细。有心人必承认，到中央势力完全退出时，文字在华北将成为唯一抵抗强邻坚强自己的武器。三十岁以上一代，人格性情已成定型，或者无可奈何了，还有个在生长中的儿童与少壮，待注入一点民族情感和做人勇气。因之和几个师友接受了一个有关国防的机构委托，为华北学生编制基本读物。从小学起始，逐渐完成。把这些教材带到师大附小去做实验的，还是个公立大学校长，为理想的证实，特意辞去了那个庄严职务，接受这么一份平凡工作。乡下人的名衔，则应当是某某小学国文教师的助理。（同样做助理的，还有个是国内极负盛名大学的国文系主任！）照政治即权力的活动家说来，这义利取舍，多不聪明，多失计。但是，乡下人老实沉默走上第三段路，和几个良师益友在一处工作，继续了四年，很单纯，也很愉快。

在争夺口号名词是非得失过程中，南方以上海为中心，已得到了个“杂文高于一切”的成就。然而，成就又似乎只是个结论，结论且有个地方性，有个时间性，一离开上海，过二三年后，活泼热闹便无以为继，且若无可追寻。在南京，则文学夜会也够得个活泼热闹！在北平呢，真如某“文化兄”所说，死沉沉的。人与人则若游离涣散，见不出一个领导团体。对工作信念，则各自为战，各自低头寻觅学习，且还是一套老心情，藏之名山，传诸其人，与群众脱离，与现实脱离。某“文化兄”说的，当然是一种真实，但只是真实的一面。因为这死沉沉，与相对的那个活泼泼，一通过相当长的时间，譬如说，三年四年吧，比较上就会不同一点的。在南方，成就当然也极大。唯一时引起注意热闹集中的大众语、拉丁化等等，却似乎只做成一个政治效果，留下一本论战的总集，热闹过后，便放弃了。总之，团体和成就竟若一个相反比例，集团越大，成就就越少。所以，在南京方面，我们竟只留下一个印象，即“夜会”继以“虚无”。然而在北方，在所谓死沉沉的大城里，却慢慢生长了一群有实力、有生气的作家。曹禺、芦焚、卞之琳、萧乾、林徽因、李健吾、何其芳、李广田……是在这个时期中陆续为人所熟悉的，而熟悉的不仅是姓名，却熟悉他们用个谦虚态度产生的优秀作品！因为在游离涣散不相黏附各自为战情形中，即有个相似态度，争表现，从一个广泛原则下自由争表现。再承认另一件事实，即听凭比空洞理论还公正些的“时间”来陶冶清算，证明什么将消灭，什么能存在。这个发展，虽若缓慢而呆笨，影响之深远却到目前尚有作用，一般人也可看出的。提及这个扶育工作时，《大公报》对文学副刊的理想，朱光潜、闻一多、郑振铎、叶公超、朱自清诸先生主持大学文学系的态度，巴金、章靳以主持大型刊物的态度，共同做成的贡献是不可忘的。

只可惜工作来不及做更大的展开，战争来了。一切书呆子的理想，和其他人的财富权势，以及年轻一辈对生活事业的温馨美梦，同样都于顷刻间失去了意义。于是大家沉默无言，在一个大院中大火炉旁，毁去了数年来所有的资料和成绩，匆匆离开了北平，穿过中国中部和西南部，转入云南。现实虽若摧毁了一切，可并不曾摧毁个人的理想。

这并不是个终结，只是一个新的学习的开始。打败仗图翻身，胜利后得建国。这个部门的工作，即始终还需要人临以庄敬，来谨慎从事。工作费力而难见好。在人弃我取意义下，我当然还得用这一支笔从学习中讨经验，继续下去。

到云南后，便接近一个新的现实社会。这社会特点之一，即耳目所及，无不为战争所造成的法币空气所渗透。地方本来的厚重朴质，虽还保留在多数有教养的家庭中，随物质活动来的时髦，却装点到社会表面。阳光下自由既相当多，因之带刺的仙人掌即常常缠了些美而易谢的牵牛花，和织网于其间的银绿色有毒蜘蛛，彼此共存共荣。真实景物中即还包含了个比喻，即在特别温暖气候中，能生长高尚理想，也能繁荣腐臭事实。少数人支配欲既得到个充分发展机会，积累了万千不义财富，另外少数人领导欲亦需要寻觅出路，取得若干群众信托。两者照理说本相互对峙，不易混合，但不知如何一来，却又忽然转若可以相互依赖，水乳交融。有钱有势的，如某某军阀官僚，对抽象忽发生兴味，装作追求抽象的一群，亦即忽略了目前问题。因之地方便于短短时期中，忽然成为民主的温室。到处都可听到有人对于民主的倾心，真真假假，却不宜过细追问。银行客厅中挂满了首都名流的丑恶字画，又即在这种客厅中请来另外一些名流作家，反复演讲。在这个温室中，真正对学术有贡献，做人也站得住的纯粹知识分子，在国家微薄待遇中，在物价上涨剥削中，无不受尽困辱饥饿，不知何以为生。有些住处还被人赶来赶去。也少有人注意到他们对国家社会战时、平时的重要性，或就能力所及，从公、私各方面谋补救之力。小部分在学识上既无特别贡献，为人还有些问题的，不是从彼一特殊意义中，见得相当活跃，即是从此一微妙关系中，见得相当重要。或相反，或相成。于是到处有国际猜谜的社论，隔靴搔痒的座谈，新式八股的讲演，七拼八凑的主张。凡事都若异常活泼而热烈，背后却又一例寄托于一个相当矛盾的不大不小各种机缘上。一切理想的发芽生根机会，便得依靠一种与理想相反的现实。所以为人之师的，一面在推广高尚的原则，一面亦即在承认并支持一些不甚高尚的现实。一些青年朋友，呼吸此种空气，也就成为一个矛盾混合体。贫穷的子弟，多还保有农村的朴质纯粹，非常可爱；官商子弟暴发户，则一面从不拒绝家中得来的不义之财，买原子笔，学跳舞，以为时髦不落人后，一面也参加回把朗诵诗晚会，免得思想落伍。由于一时兴奋，什么似乎都能否定，兴奋过后，继以沉默，什么似乎又即完全承认。社会一面如此，另一面则又有些人，俨若游离于时代苦闷以外，实亦在时代苦闷之中。即一部分知识分子，平时以儒学自许，自高自卑情绪错综纠结，寂寞难受，思有以自见，即放弃了“子不语怪力乱神”的理性态度，听生命中剩余宗教情绪泛滥，一变而公开为人念咒诵经，打鬼驱魔。还有人从种种暗示中促成家中小孩子白日见神，见鬼，且于小小集团中，相互煽惑，相互传染。举凡过去神权社会、巫术时代的形形色色，竟无不在着长袍洋装衣冠中复演重生。由藏入滇的喇嘛，穿上朱红明黄缎袍，坐了某委员的厅长吉普车，满街兜风。许多有知、无知的善男信女，因之即在大法王驻跸处，把头磕得个昏昏沉沉，求传法，得点灵福。（这些人可绝想不到中甸大庙那个活佛，却是当地唯一钟表修理人！）大约这也分散了些民主的信仰，于是就来了“政治”，又有什么“国特”活动的近乎神迹鬼话的传说，铺张于彼此寒暄里。……试为之偈曰：“一切如戏，点缀政治。一切如梦，认真无从。一切现实，背后空虚。仔细分析，转增悲悯。”一切有生，于抵抗、适应、承受由战争而来的抽象、具体压力时，所见出种种圆景幻象，在有形政权解体以前，固必然如彼如此也。

由于战争太久，大家生活既艰苦又沉闷，国事且十分糟，使人对于现实政治更感到绝望，多少人神经都支持不住，失去了本来的柔韧，因之各以不同方式，谋得身心两面的新的平衡。从深处看，这一切本不足奇。但同是从深处看，“民主温室”之破碎冻结，一变而成为冰窖，自是意中事。这个温室，固可望培养滋育某种健康抽象观念，使之经风雨，耐霜雪，但亦可能生成野蒿、荨麻。而后者的特殊繁殖性，且将更容易于短时期普遍蔓延，使地面形成一个回复荒芜现象，也是意中事。乡下人便在这个复杂多方的现实中，领略现实，并于回复过程中，认识现实，简简单单过了九年日子。在这段时间中，对于能变更自己、重造自己去适应时代，追求理想，终又因为当权者爪牙一击而毁去的朋友，我充满敬意。可是对于另外那些更多的同事，用完全沉默来承当战争所加给于本身的苦难，和工作所受挫折限制，有一时反而被年轻人误解，亦若用沉默来否定这个现实的，实抱同样敬意。为的是他们的死，他们的不死，都有其庄严与沉痛。而生者的担负，以及其意义，影响于国家明日尤其重大。我明白，我记住，这对我也即是一种教育。

这是乡下人的第四段旅程。相当长，相当寂寞，相当苦辛。但却依然用那个初初北上向现实学第一课的朴素态度接受下来了。尤其是战事结束前二年，一种新式纵横之术，正为某某二三子所采用，在我物质精神生活同感困难时期，对我所加的诽谤袭击。另一方面，我的作品一部分，又受个愚而无知的检查制度所摧毁。几个最切身的亲友，且因为受不住长时期战争所加于生活的压力，在不同情形下陆续毁去。从普通人看来，我似乎就还是无抵抗，不做解救之方，且仿佛无动于衷。然而用沉默来接受这一切的过程中，至少家中有个人却明白，这对我自己，求所以不变更取予态度，用的是一种什么艰苦挣扎与战争！

这期间，世界地图变了。这个前后改变，凡是地下资源所在，人民集中，商业转口，军略必争处，以及广大无垠的海洋和天空，也无不有钢铁爆裂做成的死亡与流血。其继续存在的意义上，无不有了极大分别。即以中国而言，属于有形的局势和无形的人心，不是也都有了大大变更？即以乡下人本身而言，牙齿脱了，头发花了，至于个人信念，却似乎正好用这一切作为测验，说明它已仿佛顽固僵化，无可救药。我只能说，脱掉的，因为不结实，听它脱掉。毁去的，因为脆弱，也只好随之毁去。为追求现实而有所予，知适应现实而有所取，生活也许会好得多，至少那个因失业而发疯亲戚还可望得救。但是我的工作即将完全失去意义。一个人有一个人的限度，君子豹变既无可望，恐怕是近于夙命，要和这个集团争浑水摸鱼的现实脱节了。这也就是一种战争！即甘心情愿生活败北到一个不可收拾程度，焦头烂额，争取一个做人的简单原则，不取非其道，来否认现代简化人头脑的势力所做的挣扎。我得做人，得工作，二而一，不可分。我的工作在解释过去，说明当前，至于是否有助于未来，正和个人的迂腐顽固处，将一律交给历史结算去了。

国家既落在被一群富有童心的伟大玩火情形中，大烧小烧都在人意料中。历史上玩火者的结果，虽常常是烧死他人时也同时焚毁了自己，可是目前，凡有武力、武器的，恐都不会那么用古鉴今。可是烧到后来，很可能什么都会变成一堆灰，剩下些寡妇孤儿，以及……但是到那时，年轻的一代，要生存，要发展，总还会有一天觉得要另外寻出一条路的！这条路就必然是从“争夺”以外接受一种教育，用爱与合作来重新解释“政治”二字的含义。在这种憧憬中，以及憧憬扩大努力中，一个国家的新生，进步与繁荣，也会慢慢来到人间的！在当前，在明日，我们若希望那些在发育长成中的头脑，在僵化硬化以前，还能对现实有点否定作用，而又勇于探寻能重铸抽象，文学似乎还能做点事，给他们以鼓励，以启示，以保证。他们似乎也才可望有一种希望和勇气，明日来在这个由于情绪凝结自相残毁所做成的尸骨瓦砾堆积物上，接受持久内战带来的贫乏和悲惨，重造一个比较合理的国家！

我回来了，回到离开了九年相熟已二十五年的北京大城中来了。一切不同，一切如旧。从某方面言，二十年前军阀政客议员官僚的种种，都若已成陈迹，已成过去。这种过去陈迹的叙述，对于一个二十岁左右的年轻朋友，即已近于一种不可信的离奇神话，竟不像真有其人，真有其事。但试从另一角度看看，则凡是历史上影响到人类那个贪得而无知的弱点，以及近三十年来现代政治，近八年的奴役统治共同培养成功的一切弱点，却又像终无从消失，只不过像是经过一种压缩作用，还保存得上好，稍有机会，即必然会慢慢膨胀，恢复旧观。一不小心，这些无形无质有剧性毒的东西，且能于不知不觉间传染给神经不健全、身心有缺陷、抵抗力又特别脆弱的年轻人。受传染的特征约有数种，其一即头脑简化而统一，永远如在催眠中，生活无目的，无理想，年龄长大，出洋留学读一万卷书后，还无从救济那个麻木呆钝。另外一种，头脑组织不同一点，又按照我那些老熟人活动方式，变成一个小华威先生，熟悉世故哲学，手提皮包，打磨得上下溜光，身份和灵魂都大同小异，对生命也还是无目的，无信心。……提到这个典型人时，如从一个写小说的因材使用观说来，本应当说这纵不十分可爱，也毫不什么可憎。复杂与简单，我都能欣赏，且将由欣赏而相熟共事。可是若从一个普通人观点想想，一个国家，若有一部分机构，一部分人，正在制造这种一切场面上都可出现的朋友，我们会不会为这个国家感到点儿痛苦和危惧？

国家所遭遇的困难，虽有多端，而追求现实、迷信现实、依赖现实所做的政治空气和倾向，却应该负较多责任。当前国家不祥的局势，亦即由此而形成，而延长，而扩大。谁都明知如此下去无以善后，却依然毫无真正转机可望，坐使国力做广泛消耗，做成民族自杀的悲剧。这种悲剧，是不是还可望从一种观念重造设计中，做点补救工作？个人以为，现实虽是强有力的巨无霸，不仅支配当前，还将形成未来。举凡人类由热忱理性相结合所产生的伟大业绩，一与之接触，即可能瘫痪圮坍，成为一个无用堆积物。然而我们却还得承认，凝固现实，分解现实，否定现实，并可以重造现实，唯一希望将依然是那个无量无形的观念！由头脑出发，用人生的光和热所蓄聚综合所做成的种种优美原则，用各种材料加以表现处理，彼此相黏合，相融汇，相传染，慢慢形成一种新的势能、新的秩序的憧憬来代替。知识分子若缺少这点信心，那我们这个国家，才当真可说是完了！

人人都说北平是中国的头脑，因为许多人能思索，且能将知识和理性有效注入于年轻一代健康头脑中。学校次第复员，说明这头脑又将起始负起了检讨思索的责任。看看今年三万学生的投考，宜使人对于这头脑的如何运用，分外关心。

北平天空依然蓝得那么令人感动，阳光明朗，空气又如此清新。间或从一个什么机关门外走过，看到那面青天白日满地红的国旗，总像是有点象征意味，不免令一些人内心感到点渺茫烦忧，又给另外一些人于此中怀有一些希冀。这些烦忧和希冀，反映到普通市民情绪中，或者顷刻间即消失无余，注入年轻学生头脑里，很显然即会有作用。北平市目前有将近二万的大学生，情绪郁结，比生活困苦还严重，似乎即尚无人想到，必须加以梳理。若缺少有效的安排，或听其漫无所归，实非国家民族之福，反而将悲剧延长。“学术自由”一名词，已重新在这个区域叫得很响，可见对于它，国人寄托了多少希望。名词虽若相当空泛，原则的兑现，实应为容许与鼓励刚发育完成的头脑，吹入一点清新活泼自由独立的空气。使之对于自己当前和未来，多负点责任。能去掉依赖的自然习惯，受奴役麻醉的强迫习惯，对现实的腐朽气味和畸形状态，敢怀疑，敢否认，并仔细检讨现实，且批评凡用武力支持推销的一切抽象。若这种种，在目前还近于一种禁忌，关涉牵连太多如何努力设法除去不必要的禁忌，应当是北平头脑可做的事，也是待发展的文学思想运动必须担当的事。

夜深人静，天宇澄碧，一片灿烂星光所做成的夜景，庄严美丽，实无可形容。由常识我们知道，每一星光的形成，其实都相去悬远，零落孤单，永不相及。然而，这些星光虽各以不同方式而存在，又仍若各自为一不可知之意志力所束缚，所吸引，因而形成其万分复杂的宇宙壮观。人类景象亦未尝不如是。温习过去，观照当前，悬揣未来，乡下人当检察到个人生命中所保有的单纯热忱和朦胧信仰，二十五年使用到这个工作上，所做成的微末光芒，时徘徊四顾，所能看到的，亦即似乎只是一片寥廓的虚无。不过，面对此虚无时，实并不彷徨丧气，反而引起一种严肃的感印。想起人类热忱和慧思，在文化史上所做成的景象，各个星子煜煜灼灼，华彩耀目，与其生前生命如何从现实脱出，陷于隔绝与孤立，一种类似宗教徒的虔敬皈依之心，转油然而生。

我这个乡下人，似乎得开始走第三站路了。昔人说，“德不孤，必有邻”。证明过去，推想未来，这种沉默持久的跋涉，即永远无个终点，也必然永远会有人同时或异代继续走！去再走个十年八年，也许就得放下笔，长远休息了。“大块劳我以生，息我以死。”玩味蒙庄之言，使人反而增加从容。二十年来的学习，担当了一个“多产作家”的名分，名分中不免包含了些嘲讽意味，若以之与活动分子的相反成就比，实更见出这个名分的不祥。但试想想，如果中国近二十多年有三五十个老老实实的作家，能忘却普遍成败得失，肯分担这个称呼，即或对于目下这个乱糟糟的社会，既无从去积极参加改造，也无望消极去参加调停，唯对于文学运动理想之一，各自留下点东西，作为后来者参考，或者比当前这个部门的成就，即丰富多了。二十五年前和我这个亲戚的对话，还在我生命中，信仰中。二十五年前，我来这个大城中，想读点书，结果用文字写成的好书，我读得并不多，所阅览的依旧是那本用人事写成的大书。现在又派到我来教书了。说真话，若书本只限于用文字写成的一种，我的职业实近于对尊严学术的嘲讽。因国家人才即再缺少，也不宜于让一个不学之人，用文字以外写成的书来胡说八道。然而，到这里来，我倒并不为亵渎学术而难受。因为第一次送我到学校去的，就是北大主持者胡适之先生。一九二九年，他在中国公学做校长时，就给了我这种机会。这个大胆的尝试，也可说是适之先生尝试的第二集，因为不特影响到我此后的工作，更重要的还是影响我对工作的态度，以及这个态度推广到国内相熟或陌生师友同道方面去时，慢慢所引起的作用。这个作用便是“自由主义”在文学运动中的健康发展，及其成就。这一点如还必须扩大，值得扩大，让我来北大做个小事，必有其意义。个人得失实不足道，更新的尝试，还会从这个方式上有个好的未来。

唯在回到这里来一个月后，于陌生熟识朋友学生的拜访招邀上，以及那个充满善意、略有幽默的种种访问记的刊载中，却感到一种深深的恐惧。北平号称中国的头脑，这头脑之可贵，应当包含各部门专家丰富深刻知识的堆积。以一个大学言来，值得我们尊敬的，有习地质的，学生物的，治经济、政治的，弄教育、法律的，即文史部门也还有。各种学识都极重要。至于习文学，不过是学校中一个小小部门，太重视与忽视，都不大合理。与文学有关的作家，近二十年来，虽具有教育兼娱乐多数读者的义务，也即已经享受了些抽象的权利，即多数的敬爱与信托。若比之于学人，又仿佛显得特别重要。这实在是社会一种错觉。这种错觉，乃由于对当前政治的绝望，并非对学术的真正认识、关心。因为在目前局势中，在政治高于一切的情况中，凡用武力推销主义寄食于上层统治的人物，都说是为人民，事实上在朝、在野，却都毫无对人民的爱和同情。在企图化干戈为玉帛调停声中，凡为此而奔走的各党各派，也都说是代表群众。仔细分析，却除了知道他们目前在奔走，将来可能做部长、国府委员，有几个人在近三十年，真正为群众做了些什么事？当在人民印象中，又曾经用他的工作，在社会上有以自见？在习惯上，在事实上，真正丰富了人民的情感，提高了人民的觉醒，就还是国内几个有思想，有热情，有成就的作家。在对现实濒于绝望情形中，作家因之也就特别取得群众真实的敬爱与信托。然而，一个作家若对于国家存在与发展有个认识，却必然会觉得工作即有影响，个人实不值得受群众特别重视。且需要努力使多数希望，转移到那个多数在课堂，在实验室，在工作场，在一切方面，仿佛沉默无闻，从各种挫折困难中，用一个素朴态度守住自己，努力探寻学习的专家学人，为国家民族求生存、求发展所做的工作之巨大而永久。一个作家之所以可贵，也即是和这些人取同一沉默谦逊态度，从事工作，能将这个忠于求知、敬重知识的观念特别阐扬。这是我在学校里从书本以外所学得的东西，也是待发展的一种文学理论。

我希望用这个结论，和一切为信仰、为理想而执笔的朋友互学互勉。从这结论上，也就可以看出一个乡下人如何从现实学习，而终于仿佛与现实脱节，更深一层的意义和原因！

负责诸方面，若用意只是在对于统治下的公民容忍限度的测验，沉默的一群国人自不足着急，因为的的确确，容忍的尚能容忍，腐败堕落的也在加紧腐败堕落，还不到那个最大限度。

谈沉默

近一时期来，书呆子或半书呆子，都必然有个相同的白日梦，梦到自家会从“变”中得到一个转机，明知道情形困难，总以为这依然是解决行将到来的明日更大困难应有的勇气与诚意象征。表示这点愿望，或有许多方式。除用笔、用口、用行为外，还有更大多数即用“沉默”来期待。用笔的可以检查受限制，用口的或因疲累得休息，用行为的自更容易处置，或使之软化，无可奈何，或……唯有沉默，在不变中，继续生长沉默。

这个多数沉默，从表面上看，也许近于消极。可是很显然，实能酝酿生长一切幻想，并做否定行为准备的。它如水，在平衍土地中浸润，在沟渎中涓涓流注，然而流注所及，则粉碎磐石，使山峡刻划成千尺沉沟，它本身则柔濡平静，在风涛激荡中，所掀起的白浪，万斛广舶与坚固堤防到时亦必然失去效用。它受点热，即能融解一切不甚牢固的黏合物，并能变成气体，推动机械，使无情钢铁发生有规律的动止。它太冷，将结成冰，正由于体质一变，凝固时，便依然有崩崖绝岸的作用，或冻死地面草、木、人、畜，以及人力所培养的种种，寄托希望的具体物质和抽象观念。总之，它能生长，也能消耗，能否定，能破坏，善体国经邦者，真不能不注意及此！

在变的动力中，我们当前所见到、听到的，照旧把“沉默”一群除外，为的是既非党团，又无表示，且绝不曾要求这样那样。当事者总是如何安排调整用笔、用口、用行为的一部分主张愿望，而有种种不同计划。然而，同样一名词，同样一口号，且很可能即同样一件事情，一个问题。解释它，运用它时，不可免到某一点，即见出龃龉，见出扞隔，见出分歧。既各有所持，各有所恃，于是“以不变应万变”的原则才产生出来，对付当前局面。问题暂且搁下，且听下回分解，等待下去，大家自然等待下去。这件事若是某茶社请刘宝全唱大鼓书，观众中少数无理取闹说：“不成，老调子得换。”刘老板以为有损大艺术家尊严时，可以说：“这事由我，不能起哄。我有权力和责任安排节目，不能由少数观众随意点戏！”于是怒而退场停演。这很自然，因为自会习惯。既是个第一流的艺术家，应有一点对艺术尊严态度，不如此，即不成其为刘宝全。俗语虽说历史就是戏，国家事究竟和艺术不相同，大政治家也可以有大脾气，这属于“人性”，我们承认；政党中尽管有人间或不免采取不正常活动方式，这出于“现代”，我们也得承认。然而多数不声不响，沉默的一群，凡用爱国作口号的任何方面，是不能不注意到的情形。他们在各种难于形容困难中挣扎，从事于各种工作，尽一个战时公民责任，眼看到这个国家近三十年的种种，寄托到这个国家内，又不能为普遍观众，无戏可看时，即抽身走路，即能走，向哪里走？还不是从学校、从机关、从工厂……走回那凄凄惨惨的家庭？家中太太、儿女，都已饿倒了，他怎么办？他也可以狠心不管家，但不能不想到国，想到社会。为的是他们工作与国家社会荣枯不可分，要国家，爱社会，实并不下于任何集团政党。他识字，固然容易受宣传工作的影响，但也能就耳目接触，为“事实”所吸引。换言之，能认识好坏是非。就中为人自尊心较强，对工作信心较深的，或者患于势拘于习，即在更困难痛苦中，也必然还能守住公民的责任防线，沉默忍受。为人不甚自重，又欲从变通中有以自见的，或尚可望在无可无不可情形下，成为罗中一雀，跳跃媚悦于主人笼罩中，对年轻人他还见得相当“前进”，对实力派他又像个“同志”，涉及国家弱强，则他不必分谤，有什么好处，又多少可以分润到一点剩余。如此一来，不仅无害于局面的继续，且可产生一点支持场面作用。然而，还有一辈从帮会组织，社交方式，以及其他玩意儿，求得现代政治以空易空的争夺群众与立场的秘诀，因缘时会，乘时崛起的人物，他们叫喊、活动，而且随时又若都可以与极端前进或相当顽固的势力从某一点上相结合。一切现象，都见出社会的分解，由分解中更容易失去拘束力或向心力……如目前情形，负责诸方面，若用意只是在对于统治下的公民容忍限度的测验，沉默的一群国人自不足着急，因为的的确确，容忍的尚能容忍，腐败堕落的也在加紧腐败堕落，还不到那个最大限度。不过一个私人债务可以延宕，一个国家的问题，却无从支吾逃避。说句公平话，中国广大土地勤俭人民，实无负于国家，而近来其所以有问题，实由于负责者有些方面能力不大充足，而又减少勇气，国家待处理的问题，得重新好好处理。假若注意点仅仅从“负隅自固”方面引起了烦恼，可以用各种方法自解。假若注意点是社会广泛普遍的沉默，从上级公务员到一个普通兵士，从第一流优秀专家，到一个单纯农民，看到他们在沉默中的忍受与挣扎，以及共同的愿望，多少会引起一点悲悯，引起一点爱。会学得如此土地，如此人民，忧患所自来，不能不说是近三十年私与愚所占分量过重。且不能不说，这个习气弱点是得由有些方面坦白承认，才能用一个新的作风来代替的。**一个伟大政治家之所以伟大，也即在善用这点悲悯与爱，如何图与民更始**。以上虽属于个人私见，恐亦可以作为一个历史家和多数正直公民的意见。

这些人也就做成某一时节某种论客说的『政党虽有许多种，文学只有两种，非左即右，非敌即友』论调的基础。

一种新的文学观

中日战争由北而南后，好些从事写作的朋友，感觉国家应付这个问题的庄严性，和个人为战争所激起的爱国热忱，兴新的工作的渴望，都干脆简单，向各战区里跑去。有的直到战争结束时，还来往于南北战区最前线，或转入沦陷区，随同游击队活动，日子虽过得异常艰苦，精神实很壮旺，或经常有作品发表，或在准备中有伟大计划等待实现。有些人又因为别有原因，从前方退回来，转到几个大都市里住下，用“文化人”身份，一面从事写作，一面还可参加各种社交性的活动，日子似乎也过得忙碌而紧张。又有人退回到原有职务上，或从政经商，或埋头读书，虽然对写作已息手，因为明白了“持久战争”的意义，从抗战建国广泛解释上，过日子倒也还心安理得。就中却有几个朋友，前线奔走三年后，在都市文化人中又混了二三年，再退到一个小地方来消化自己的社会经验和人事印象时，不免对于写作感到厌倦与灰心，且对文学本身表示一点怀疑。战事结束后，这种情形且更显著怀疑的是用文学作为工具，在这个变动世界中，对于“当前”或“明日”的社会，究竟能有多少作用，多少意义？具有这种心情的作家，虽只是个少数，但很可能在某种情形下，逐渐会成多数。平时对文学抱了较大希望与热诚，且对于工作成就又有充分自信的作者，这点怀疑的种子发芽敷荣，不特将刺激他个人改弦易辙，把生命使用到另外工作上去，且因为这种情形，还会影响到新文学已有的社会价值，和应有的新进步。

试分析原因，即可知一种因习的文学观实困惑人，挫折人。这种文学观，在习惯中有了十多年历史，已具有极大的势力，不仅是支配一部分作家的“信仰”，且能够支配作家的“出路”。一般作家虽可以否认受它的“限制”或“征服”，实无从否定它的“存在”。我们尽可说这是比较少数论客的玩意儿，与纯粹而诚实的作家写作动机不相干，与作品和历史对面时的成败得失更不相干，然而到我们动笔有所写作时，却无从禁止批评家、检察官、出版人和那个分布于国内各处的多数读者，不用“习惯”来估量作品的意义与价值，且决定它的命运。这种因习文学观的特性，即“文学与政治不可分，且属于政治的附产物或点缀物”。作家的怀疑，即表示对于这个问题的解释，实各有异见。近代政治的特殊包庇性，毁去了文学固有的庄严与诚实。结终是在这个现状继续中，凡有艺术良心的作家，既无从说明，无从表现，只好搁笔。长于政术和莫名其妙者，倒因缘时会容易成为场面上人物。因之文学运动给人的印象，多只具一点政策装点性，再难有更大希望可言。

文学“属于政治的附产物或点缀物”，这个事件的发展，我曾检讨过它前后的得失，且提出些应付未来的意见。在利害得失上，虽若比较偏于消极的检举驳议，然而一个明眼的读者看来，会承认原来这一切都是事实，并非凿空白话的。从民十五六起始，作家就和这种事实对面，无可逃避。虽和事实对面，多数人却又不肯承认，亦无努力改正。习惯已成，必然是“存在的照旧存在”，因此，若干作家便用一个“犯而不校”态度来支持下去，恰恰和别个的读书人应付社会一般不公正情况一样，低首“承认事实”，与固执“关系重造”，前者既费力少而见功易，所以我爬梳到这个问题伤处时，转若过分好事，不免近于捕风。风虽存在，从我手指间透过，如可把握，无从把握。

文学既附于政治之一翼，现代政治的特点是用商业方式花钱，在新闻政策下得到“群”，得到“多数”。这个“多数”，尽管近于抽象，也无妨害。文学也就如此发展下去，重在一时间得到读者的多数，或尊重多数的愿望，因此在朝则利用政治实力，在野则利用社会心理，只要作者在作品外有个政治立场，便特别容易成功。一些初初拿笔的人，不明白中国新文学，搅混入商场与官场共同做成的漩涡中后，可能会发生些什么现象，必然还会有些什么结果。另一方面，个人又正要发现，要露面，当然都乐于照习惯方式，从短短时期中即满足一切。这些人也就做成某一时节某种论客说的“政党虽有许多种，文学只有两种，非左即右，非敌即友”论调的基础。许多人在风气追逐中打混下去，于是不甚费力即俨然已成了功。这种成功者，若世故与年龄俱增，作品却并无什么进步，亦无可望得到进步，自必乐享其成，在伙儿伴儿会社竞卖方式中，日子过得从容而自在。物质上即或因为抢的是个冷门，得不到什么特别享受，情绪还俨然是尊严而高尚。他若是个年龄越长越大、经验越积越多、情性却越来越天真、在写作上又抱了过多的热诚（与时代的不合的古典热诚）的人，自必对于个人这点成功，不大满意，对于文学作家中的依赖性，和其他不公正、不诚实的包庇性，转趋怀疑，会觉得维持现状，不仅堕落了文学运动固有的向上性，也妨碍这个运动明白的正常发展。文学运动已失去了应有的意义，作家便再不是思想家的原则解释者，与诗人理想的追求者或实证者，更不像是真正多数生命哀乐爱憎的说明者，倒是在“庶务”“副官”“书记”三种职务上供差遣、听使唤的一个公务员了。其用以自见于世的方法，再不基于人性理解的深至，与文字性能的谙熟，只是明白，新式公有程式之外，加上点交际才干，或在此则唯唯诺诺，或在彼则装模作样，兼会两份做戏伎俩。总而言之，一个“供奉待诏”，一个“身边人”而已。凡有自尊心的作家，不能从这种方式中得到所从事工作的庄严感，原是十分自然的！他若看清楚习惯所造成的不公正事实，和堕落倾向，而从否认反抗下有所努力，不可免即有另外一种不公正，加于他的本身。能忍受长久寂寞的，未必能忍受长久苛刻，所以无事可为，只好息手不干，然而这不甘哺糟啜醨的心情，尚难得社会同情，反做成一种奚落，“这个人已落了伍，赶不上时代”。坚贞明知素朴诚实地落了伍，另一些人似乎前进了。试看看近十年来若干“前进”作家的翻云覆雨表现，也就够给人深长思！即始终不移所信、所守的，有许多人岂不是虽得伙儿伴儿合作来支持他做“作家”的名分，还不能产生什么像样作品？

拿笔的人自然都需要读者，且不至于拒绝多数读者的信托和同感。**可是，一个有艺术良心的作家，对于读者，终有个选择，并不一例重看。**他不会把商业技巧与政治宣传上弄来的大群读者，认为作品成功的象征。文学作品虽仰赖一个商业组织来分配，与肥皂、牙膏究不相同。政治虽有其庄严处，然而如果遇到二三与文学运动不相干的小政客，也只想用文学来装点政治场面，作者又居然不问是非好坏，用个“阿谀作风”来取得“风气阿谀”时，不仅是文学的庄严因之毁去，即政治的庄严也会给这种猥琐设计与猥琐愿望毁去！近代政治技术，虽能产生伟大政治家，可不闻在同样安排中产生过伟大艺术家或文学家。一个政治家，能在机会中控制群众情感，取得群众好感，并好好用群众能力，即可造成伟大事业。一个音乐家或文学家其所以伟大，却得看他能否好好控制运用音符文字。新闻政策虽能使一个政治家伟大，若艺术家、文学家失去与民族情感接触的正当原则，仅图利用政治上的包庇惯性和商业上的宣传方式，取得群众一时间的认可，个人虽小有所得，事实上却已把艺术文学在这个不良关系上完全坠落了。近十余年来的情形，一个真有远见的政治思想家，一个对新文学发展过程有深刻理解的文学理论家，批评家，以及一个对写作有宏愿与坚信的作家，对于这问题得失，都应当清清楚楚。现状的过去，只做成社会上这部门工作的标准分歧，以及由于这种分歧引起的思想混乱。北伐统一后最近十年中，年轻人生命、国力的种种牺牲，三十岁以上的人，必尚保留一个痛苦印象，现状的继续，另一面便做成目下事实：国内少数优秀作家，在剥削与限制习惯中，尚无法用工作收入应付生活。许多莫名其妙的人物，不折不扣的驵侩，倒各有所成，为文运中不可少的分子。**事情显明，一种新的文学观，不特为明日文学所需要，亦为明日社会不可少。**

国家进步的理想，为民主原则的实现。民主政治的象征，属于权利方面虽各有解释，近于义务方面，则为各业的分工与专门家抬头。在这种情形中，一个纯思想家，一个文学家，或一个政治家，实各有其伟大庄严处。即照近代一般简单口号，“一切与政治不可分”。然而，一切问题与政治关系，却因为分工、分业，就必须重造。尤其是为政治的庄严着想，更不能不将关系重造。照近廿年来的社会趋势，一种唯利唯实的人生观，在普通社会中层分子中实现，到处可以发现。许多事业都以用最少劳力得到最大成功为原则，个人或社团的理想，说来虽动人堂皇，实际竟常与得到“数量”不可分，有时且与得到“货币”不可分。中层分子人生观，既在各种支配阶级中占绝大势力，因之在国家设计上，就都不可免见出一点功利气味，看得近，看得浅，处处估计到本钱和子息，不做赔本生意。我们常常听人说到的“现代政治家”，事实上这些人有时却近于一个商行管事，或一个企业公司的高级职员，不过是因缘时会，从信仰这个、拥护那个方式中变成一个官僚罢了。这种人精明能干处，虽是应付目前事实，举凡略与事实相远的问题，与小团体功利目的不相符的计划，即无从存在或实现。普通所谓“思想家”，在一般倾向上，也就不知不觉变成了“政治公文”的训话家或修辞学人物。社会上另一部分有识无位的知识分子，在凝固情感中，无可为力，自然只好用个独善其身的退缩态度混下去，拖下去。……然而，我们在承认“一切属于政治”这个名词的严肃意味时，一定明白，任何国家组织中，却应当是除了几个发号施令的负责人以外，还有一组顾问，一群专家。这些人的活动，虽根据的是各种专门知识，其所以使他们活动，照例还是根据某种抽象原则而来的。这些抽象原则，又必然是过去一时思想家（哲人或诗人）对于人类的梦想与奢望所建立。说不定那些原则已陈旧了，僵固了，失去了作用和意义，在运用上，即见出扞隔与困难。**高尚原则的重造，既无可望于当前思想家，原则的善为运用，又无可望于当前的政治家。**一个文学作家，若能将工作奠基于对这种原则的理解以及综合，实际人性、人生知识的运用，能用文学作品作为说明，即可供给这些指导者一种最好参考，或重造一些原则，且可作后来指导者的指导。新的经典之所以为经典，即从这种工作任务的重新认识，与工作态度的明确，以及对于"习惯"的否定而定。从这个认识下产生的优秀作品，比普通公务员或宣传家所能成就的事功，自然来得长久得多，也坚实得多！

一面是如此理想，另一面是如彼事实，如何使文学作家充满新的信心，来面对事实，证明理想？若说人生本是战争，这件事也就可说是种极端困难的战争！为的是任何合理的企图，若与"习惯"趋势不大相合，从习惯而来的抵抗性，都不免近于战争。所以支持这种反清客化的新的文学观，并从据点上有所进取，是需要许多许多人来从事的。这种工作，与另外一些从"阿谀风气"得到"风气阿谀"的文人，目的既完全不同，难易自然也无从比较。不过，事情虽困难，亦不太困难，这从"过去"即可推测"未来"。试数一数初期文学运动对于"腐败现象""保守观念"所见出的摧陷廓清成绩，以及对于"高尚原则重造"在读者人格中所具有的影响，来和新的问题对面，实不由人不充满乐观信仰。官僚万能的时代，已成为过去的事情了，新的国家的重造，必然是各种专门家的责任。国家设计一部门，"国民道德的重铸"实需要文学作品处理，也唯有伟大文学作家，始克胜此伟大任务。相熟或陌生朋友，曾经充满热诚来从事写作，在那个因习文学观困辱下得到成功，又从成功中因经验积累转而对文学怀疑的，我觉得不应当灰心丧气。因为这种认识，正可谓“塞翁失马”。我们明日做事的机会，正不可下于另外一种人当前做官的机会，实在多而又多。我们需要的，是一分信仰，和九分从“试验”取得“经验”的勤勉，来迎接新的历史。恰如走路，能去到什么地方，不是我们所能预想，也许如此走去，到达一个预定的终点，还是毫无所得，必将继续走去，到死为止。正因为对人生命言，死才是一个真正的终点，才容许一个有理想、有思想的生命获得真正休息！从文学运动言，必有许多人将生命来投资到这个工作，方可望有作用，见效果，使若干具有新的经典意义的作品，能陆续产生！

我幻想廿年后国家会有个新的制度，每个中国人不必花钱，都有机会由小学读到大学毕业。

读书人的赌博

“关于知识阶级，最好少说话。察渊鱼者不祥。”

“是的，老师。不过，这是我两年前记在一个小本子上的玩意儿，从没对人提起过！现在读书人变了。”

“你意思是他们进步了，还是更加堕落？”

“老师，我从不觉得他们堕落，因此也不希望他们进步。我只觉得他们是有头脑的人，以为不妨时常想一想。只要肯时常想一想，国家就会不同得多了！”

当我翻到《关于知识阶级》一段小文，预备摘抄时，仿佛和骑青牛懂世故的老子，为有趣那么一个短短的对话。……作新烛虚一。

我想起战争，和别人想的稍有不同。我想起战争四年还未结束，各个战区都凝固在原有地面，像有所等待的神气。在这种情形中，前方、后方五百万兵卒将士，或可即用战地作教场，学习作战，并学习做人，得到不少进步。国家负责方面，若像我一样思索到这个问题，想到这五百万壮丁将来回转他们那村里的茅屋中时，即以爱清洁有条理的生活习惯而言，对于国家重造所能发生的影响，可能有多大，就一定会想出许多办法，来教育他们，训练他们，绝不至轻轻放过这个好机会了。这自然是我这个书呆子的妄想！规规矩矩的读书人，不会那么胡思乱想的。

以“教育”两字而言，目前即似乎还是学有专长读书人的专利。读书人常说“学术救国”，可不相信壮丁复员后，除了耕田，有别的用处更能救国。这事情也极平常，因为许多读书人对于自己的问题就不大思索，譬如说吃教育饭的读书人，在目前战争情形中，是不是在教书以外，还想到如何教育自己？打了四年仗，世界地图都变了颜色，文化、经济都有了变化，读书人有了多少进步？应不应当进步？我们且试为注意注意，有些现象就不免使人吃一惊。因为许多人表现到生活上，反映到文字上，都俨然别无希望与幻想，只是“在承认现实”的现状下，等待一件事情，即“胜利和平”。好像天下乱“用不着文人”，必待天下太平，那时，一切照常，再来好好努力做人做事，也不迟！战事结束既还早，个人生活日益逼紧，在一种新的不习惯的生活下，忍受不了战争带来的种种试验时，于是自然都不免有点神经衰弱。既神经衰弱，便带点自暴自弃的态度，因之“集团自杀”方式的娱乐，竟成为到处可见的情形。这类人耗费生命的态度和习惯，幽默点说来，简直都相当天真，有点返老还童的意味！正像是对国家负责表示：“你不管我们生活，不尊重学术，好，我也不管！”所以照习惯风气，读书人不自重的行为，还好像含有不合作反抗现实的精神，看不惯社会的不公正，才如此如彼。负军事责任的常说，只要有飞机大炮，即可望有把握打个大胜仗，料不到一部分知识阶级的行为，恰恰就表示，在民族精神上业已打了一个不大不小的败仗。

然而对于这个问题，却似乎和目前许多别的问题一样，不许人开口。触事多忌讳，不能说。用沉默阿谀事实，竟是必要的。或有人看不过意，要提出讨论讨论，或想法改善，结果终亦等于捕风，近于好事。好事过分或热心过分，说不定转而会被这些读书人指为有“神经病”。以为不看大处看小处，而且把小事放大，挑剔自家人何苦来。“小子何知，吾人以此自溷耳。”因此一切照常。

这种知识分子，事实上对生命既无一较高的理想或目的，必用刚正牺牲精神去求实现，生活越困难，自然越来越不济事。消极，消极，竟如命里注定，他人好事热心，都是多余了。不过，我们若想起二十年前，五四前辈痛骂遗老官僚为何事，真不能不为这种“神经衰弱”的知识阶级悲悯！

我于是妄想从病理学上去治疗这种人，由卫生署派出大批医生，给这些读书人打打针，从心理学方面对付这种人，即简简单单，当顽童办理，用戒尺打手心。两个办法中，也许后面一法还直截简单而有效果，为的是活了三四十岁的读书人，不知尊重自己，耗费生命的方法，还一如顽童。不当顽童处治，是不会有作用的！

细想知识阶级的过去，意忽有所悟。这类人，大多中产家庭出身，或袭先人之余荫，或因缘时会，不大费力，即得到当前地位。这些人环境背景，便等于业已注定为“守常”，适宜于在常态社会中过日子。才智聪明，且可望在一有秩序、上轨道的国家中，做一有用公民，长处是维持现状，并在优良环境中好好发展。

不凑巧就是他们活在当前的中国，战前即显得有点不易适应。他们梦想“民治主义”，可是却更适宜生活在一个“专制制度”中。只要这专制者不限制他们的言论，并不断绝他们的供给，他们赞同改变一切“不良”现状的计划。可是到实行时，却又常常为新的事实而厌恶，因此，这些计划即使可逐渐达到真正的民主政治，他们还会用否定加以反对与怀疑。可是反对与怀疑尽管存在，一面又照例承认事实。在事实上，任何形式的政治制度，只要不饿坏他们，总可望安于现状活下去。虽活得有点屈辱，要他们领导革命，可办不到。所以过去稍有头脑的军阀，当前的有手腕的政客都明白，不必担心知识阶级不合作。这些人目前也有好处，即私人公民道德无可疵议，研究学问也能循序渐进慢慢见出成绩，虽间或有点自私，所梦想的好社会，好政治，都是不必自己出力即可实现，而且不能将生活标准降到某种程度。可是更大的好处，也许还是他们的可塑性，无所谓性，即以自我为中心出发，发展自己，稳定自己的人生观。因此聪明的政治家，易于运用他们的知识和社会地位，从事政治上的一切建设。不必真正如何重视他们，但不妨做成事事请教的神气，一半客气用在津贴研究费上，即可使他们感觉当事者的贤明。如运用得法，这些人至某一时，无形中且会成为专制的“拥护者”，甚至于“阿谀”。正因为这些人在某一点上，常常是真正“个人主义者”，对国家“关心”相当抽象，对个人生命“照常”，却极其具体。书本知识虽多，人生知识实不多。至于牺牲地位，完成理想，或为实证理想，自然是不可能的。话说回来，这些人又还可爱，可爱处也就是在他那种坦白而明朗的唯实哲学，得过且过的人生观，老实性格，单纯生命，在温室中长大而又加以修理过的礼貌仪范。读的书虽常常是世界第一等脑子作的，过日子却是英美普通公民的生活打算。……

我好像重新明白一个问题，即前面所说，遇到这种人不自爱与不自重时，就打手心的办法了。因为，这么一种人，活到当前变动社会中，实在是一种悲剧。他们的工作和生活的幻想，已完全毁了，完全给战争毁了。读书由于分工习惯，除了本行，别的书又无多大兴味。他们从“集团自杀”方式上找娱乐，还能做什么？我幻想廿年后国家会有个新的制度，每个中国人不必花钱，都有机会由小学读到大学毕业。到那时，所谓“知识阶级”和“政客”，同样已成为一个无多意义的名词。国家一切设计，全由专门家负责，新的淘汰制度，却把一切真正优秀分子，从低微社会中提出来，成为专门家的准备人才。到那时，对于知识阶级，将不是少说话，却是无话可说，那就太好了。

幽默刊物综合做成的效果，却将使作家与读者，不拘老幼皆学成貌若十分世故，仿佛各人皆很聪明，很从容，对一切恶势力、恶习气抱着袖手旁观的神气。

风雅与俗气

××先生：

你的信从××转来，已收到了。谢谢你。你想要明白的消息，我不是个文坛消息家，对不起，没有可告你的。这些事，你最好还是问上海方面的熟人。你想知道"左倾"批评家某某集子刚出却又传说作了×××，也得向他们打听。你想知道我对于幽默文章的意见，我这个乡下人懂什么幽默？我同你一样，也看了许多这种刊物的第一篇文章，那文章说明过幽默对于个人与社会的价值。对于他们究竟有多大价值，我或者比你知道的更少。

去年秋天某一天，我家中院子里大槐树下，有一只小小甲虫爬行。为了这小生物在阳光中有一点炫目的金光，便引起同我在院中散步的朋友某某先生注意。他很沉静地看了那甲虫约五分钟，眼睛方离开它。到后我就同这朋友出门去理发，他告给我东城某某理发馆有个技师，手艺真很可观。我服从了他的提议，同过东城去试一试。到了那里，他还让我占先，自己却一直等候下去。你应当知道，我这个朋友平时是个不胡乱浪费时间的人，这一次，可并不埋怨时间花得太多。前些日子，这朋友又来我家拜年，见我桌上有个小小铜炉。这东西色泽、形体皆美丽得很，在应用方面，若把它当作一个烟灰碟子，似乎正十分合用。他爱上了它，我明白。因此有一天，我就尽他捎去，于是搁到他书房里，成为桌上烟具之一了。

从几件小事上看来，皆可证明我那朋友不是个不讲究艺术、不认识美的人。

然而，这个朋友当他同我讨论到文学时，对于一个作品在辞藻上与组织上的价值，却加以轻视。他同许多人一样，某一时节会成为很前进的人物，就是当他“不甘落伍”时。他说他疑惑文学形式的美能有多少价值。他认为，好的文学作品重在有思想，有目的，有意义。一个作品，若具备上述三个条件，不必需何等技巧，也可以成为一个伟大作品。很可惜，关于这一点，他并不详细为我解释，这伟大作品没有组织与文字上的技巧，如何还能伟大的理由，还能使读者承认它为伟大而受感动的理由。他也许故意含糊其辞，对于他立论方便一些。

在政治意见上，我这个朋友很相信统一中国需要实力，他不否认用武力巩固中央的基础，推行当前的政治。若我的观察不错，我相信他还更赞同用一种新的武力，来推翻旧的一切。然而，就正当谈论到这里时，我问他：“你同意思想统治，是不是？莫说统治吧。把文学积极地赞美某一种新的道德与制度，否认另一种旧的道德与制度，是不是可能的？文学是不是宜于用来解释一个社会的理想？请你告我一点意见。”

我以为他一定说“是，可能”。谁知，他却红着颈脖说：“这是妄人的打算。把文学附庸于一个政治目的下，或一种道德名义下，不会有好文学。用文学说教，根本已失去了文学的意义了。文学作品不能忍受任何拘束，唯其不受政治或道德的拘束。作者只知有他自己的作品，作品只注意如何就可以精纯与完美，方有伟大作品产生！”他说明他这分态度时，辞令比我记在这儿的，似乎还动人些。这朋友在辞令上，或审美观念上，原皆可以称为一个风雅人。这时节，明明白白，他不同意把文学粘上商业功利意味了。

且试把朋友前后两种议论加以比较，就可明白，我这个朋友原来矛盾得很。这矛盾，反映他个人对于当前社会的态度。这个人的人生观，原来是：在一切享用上，他不否认美，不拒绝美。至于论及文学时，他的意识却被一个流行观念所控制，把文学看得同其余艺术不一样。以为文学不需要“艺术”了。不需要艺术，有勇气嘲笑文学上的技巧，能给文学一个新的观念，自然很好。然而，欲把文学在“卫道”“致用”方面搁下，与实际问题接近时，一个古旧的观念，在朋友心中又发生了影响。他或许会想到：文学同道德或政治联合起来，一个作品邀求一种用途，或为某种用途产生作品，仿佛太“俗气”了。一定的，他觉得“俗气”了。谁不害怕“俗气”？何况俗气以外还不免有意外危险与麻烦。于是，我那朋友又一变而为艺术至上主义者了。这矛盾，不止为朋友所独有，他不能专美，目前的中国，与他差不多的人太多了。在作家间，这种矛盾尤显然存在。

中国近两年来，产生了约二十种幽默小品文刊物，就反映作家间情感观念种种的矛盾。（这类刊物的流行，正说明这矛盾如何存在于普遍读者群。）这些人，一面对于文章风格体裁的忽视与鄙视，便显得与流行文学观并不背道而驰。这方面幽默一下，那方面幽默一下，且就证实了这也是反抗，这也是否认，落伍不用担心了。另一面，又有意无意主张把注意点与当前实际社会拖开一点，或是给青年人翻印些小品文籍，或做点与这事相差不多的工作，便又显得并不完全与传统观念分道扬镳。（这些人若觉得俗气对于他有好处，当然不逃避这种俗气，若看准确风雅对于他也有方便处，那个方便自然也就不轻易放手！）因此一来，作者既常常是个有志之士，同时也就是个风流潇洒的文人。谁不乐意做个既风雅又前进的文人？许多人对于幽默小品文刊物的流行，或觉得稀奇，或独怀杞忧，其实它的发展，存在，皆很自然，明白这道理，也就不用稀奇不必担心了。

我那朋友，个人长此矛盾下去，养成了他每天读幽默刊物的习惯。除此以外，还欢喜看看木傀儡的小丑戏，看一个小小木人，在小戏台旁木架上，"剥剥剥"地碰着那颗木头。大致两样东西皆可以使他容易过日子一些。那朋友，我以为不妨尽他那么活下去，到腐烂为止。他自己说，假若他当真厌倦了每天吃喝，厌倦了上床下床，洗脸刷牙齿，有一天也许会自杀的。我不相信这种人会自杀，因为木傀儡戏同幽默文学，在中国还容易见到。

至于充满矛盾那一群神经衰弱，害胃病、痨病、软骨病而装疯的作家们呢？他们是再活上那么一年，发舒发舒性灵，投掷两下匕首，把日子混下去，还是尚可希望变更一个方法，把自己工作同生活，在一份极彻底的新方式中试试看？等等看吧。

我以为，一个民族若不缺少有男气，能疯狂，彻底顽固，或十分冒失的人，方可希望有伟大作品产生。幽默刊物综合做成的效果，却将使作家与读者，不拘老幼皆学成貌若十分世故，仿佛各人皆很聪明，很从容，对一切恶势力、恶习气抱着袖手旁观的神气。在黑暗中，他们或许也会向所谓敌人抓一把，捏一把，且知道很敏捷地逃避躲开，不至吃亏。但人人都无个性，无热情，无糊涂希望与冒险企图，无气魄与傻劲。照这样混下去，这民族还能混个几年？纵能长此混下去，又有个什么希望可言？从这方面希望有些纪念碑似的作品产生，那是很不合理的。

“迷信”使人简单，它比“世故”对于人类似乎还有用些。我们对于鬼神之力的迷信时代算已过去了，然而如果能够把这种迷信，或所谓“宗教情绪”，转而集中在人事方面，却并不是一种无意义的努力。作者若真有这种“迷信”，事实上他那作品也就可以希望成为“符咒”之一种，使多数人受其催眠，或为之兴奋，对于人的能力，发生信仰，产生变革，得到进步。说简单一点，就是作家只要不怕“俗气”，敢把他的作品预备为未来光明颂歌之一页，倾心于那个“明日”，肯为“大多数人如何可以活下去”打算打算，他的目前工作，即或十分幼稚，不妨事的。（文学作品本许可保留一个人类向前的憧憬：进步的憧憬。目前所受的限制，迫害与嘲笑，皆只是目前的事！）一个青年人，若感情还不曾被“幽默”或“世故”所阉割，且不欲居于这种阉割之列，他自会有所迷信，尽那迷信支配自己，且能在迷信中生龙活虎地活下去，写下去。

你来信说，有几个朋友想找我谈谈，如像先前所说那种矛盾的朋友，我有一个觉得很够了。至于那种俗气而迷信的青年人呢，我很愿意各处皆可碰着他们。这是一种精神上武装的国民，我欢喜这种不懂风雅、不怕俗气的朋友。

这些读书人，知识虽异常丰富，常因近代教育制度或社会组织，知识仅仅变成一种『求食』的工具，并不能作为『做人』的张本。

一种态度

近十多年，在各种刊物上，最常见的是“民族精神”字样。今年又为“精神动员”。就常理说，所要准备动员的“精神”，应当就是先前一时谈及的那个“民族精神”。可是中华民族精神，在时间上有连续性，在历史上起大作用，在当前抗战、明日建国两件事上，且具有种种可能发挥的伟大力量，是些什么？说到它的，却似乎并不多。因此“民族精神”这个名词，转成坚实勤俭行为，表现上好像极具体，实在很空泛。固有“精神”有些什么东西值得发扬，恢复，光大，倒不曾提及。谈什么东西文化的，也照例抛下这个名词，不作诠注。仿佛大家都已常常提起，大家就应当早知道了。凡知道了的，自然不用再说。可是看看各方面论客的持论，便可知这名词意义十分暧昧。解释民族精神伟大处较好的，还让冯友兰先生最近在《新动向》上发表的一篇文章，那文章题名《赞中华》。就中说起中国伟大，实建筑在儒、墨、道诸家思想熏陶启迪上。中国人有儒家的严肃，墨家的朴实，道家的潇洒，表现人生态度，或“有所为”，或“满不在乎”，所以民族永远不会灭亡。并以为两年来的抗战，军事上虽败北崩溃，政治上反而越打越进步，处处见出新机，就显明表现这伟大民族精神，如何值得重视，且因它的存在，值得乐观。冯先生话说得很好。从全面看，中华民族在儒、墨、道诸家思想涵育中有个光辉灿烂的明日，自不待言！唯从部分人观察，似乎就有点不同。我意思是，我们倘若肯具体一点，试从二十五岁到五十岁左右某一部分留在后方的知识分子来观察，看看这些人于中国古代伟大思想，究竟受有多少影响。所得的结论，我们会在好感方面不免失望。我们会发现，原来儒家的“刚勇有为”态度，墨家的“朴实热忱”态度，道家的“超脱潇洒”态度，虽涵育于一般人中，影响于“读书人”却不怎么多。“读书人”是个通泛名词，我这里想借用它专指现在教书、读书的一部分人。**这些读书人，知识虽异常丰富，常因近代教育制度或社会组织，知识仅仅变成一种“求食”的工具，并不能作为“做人”的张本。**“严肃”用于门户之见，与信心坚固无关。“潇洒”近似对事马虎，与思想解放无关。真影响他们、支配他们爱憎取予的，差不多总是一个小小团体，一群数目不多的朋友，三五同事，七八同学，十来本书。（团结他们的，有时还是一桌麻雀牌！）若说以前人受家族制度拘束，现在可说受生活团体拘束。因为生活范围小，所以个人兴趣窄，公众精神和服务情感即不大发达。儒家最美丽的认真“为公”精神，在读书人中，且有日趋萎缩之势。好些名分上应属于“公”的，这些人做起来更容易假公济“私”。这类事大致随处都可耳闻目睹，也用不着多提了。至于因老、庄思想而来的满不在乎处，读书人不免受日常吃喝起居习惯限制，看不出什么超脱飞扬意趣，易发现的，倒反是容易把生活观念黏滞在人我小小琐碎得失上，施展不开。不特行为矜持拘泥，装模作样，即想象表现于文字语言时，亦无不显得非常贫薄无味。凡此种种，多属眼前事实。社会组织与生活方式，形成这部分知识分子普遍的弱点，蕴藏于内。表现于外，则毫无生气，则是乌烟瘴气。所以我们若承认儒、墨、道哲学思想，刚勇、朴实、超脱，与这个民族光辉不可分，有一点值得注意，即当前读书人中，正如何缺少这种优美德性。因缺这种优美德性，所产生的病态，实在相当严重。大家应当就见得到、想得起的事情从小处努力，尽可能来谋改善。假若拿笔的朋友还相信文学艺术在社会上有一点力量，新的文学艺术便可从这方面下手，表现出一个综合的新的理想，新的生存态度。这种文学艺术，即或无关于当前抗战，然而大有助于明日“建国”。有心人应当承认，用这种态度来写作，似迂腐，实健康。虽易触恼当前男的女的村的俏的少数有权威性读书人，对于另外多数将来读书人，或者还有点好处。

现在的日子，却正有许多人是不需要自己的。

感 想

许多朋友因为同我熟了的缘故，总常常要问及我自己最欢喜的是哪一本书。我很生气，说我没有一篇我欢喜的文章，更没有一本我觉得满意的书。我真不愿意有一个同我熟了的人，还花钱来买我的书看。不熟的人要我介绍我自己的书，我实在就没有兴味去代他选择。这不是因为我所有的作品都印得太坏，错字太多，我实在就觉得我文章都不成，都不完全，都不能达到我自己所悬的标准。你们问我的意见，若是你们愿意相信，我说，我离成功比你们都还远，因为我要走远一点！但是相信的很少。为了这类原因，我最怕的就是生人和熟人对于我的文章的好评。有些朋友，用了最可感谢的好意，预备批评我的文章，我总以为那是用不着的一件空事。写点文章，印几本书，不过是我在方便中所得到的一种方便罢了，若是这点点事也值得自己得意，那我早已发胖多日了。

但最近，有一个人却在一篇杂感上胡乱骂了我一顿，说是据诸传闻，我顶得意我自己的作品，以及作品上的文体。这种以得之私人传闻而为根据的论调，正同有些小报式的刊物造谣一样，比这个再无赖的话也说得出，比这个再无根据的消息也做得出。同这种东西生气，那我上海就蹲不下去了。我已经装作老实人不中用样子，仿佛没有见到，尽他得意一下。（朋友替我不平，我倒觉得无聊。）我很明白的是，**“许多脸儿稍稍漂亮的人，文章却常常无法漂亮”**，我若有空闲去指摘某个人家的短处，那我早学乖，用这空闲去夸奖他的长处，则让将来到鲁迅年纪的我做寿时节，还可多一个人上门拜寿。如今我还无意做寿，可是却希望这些灰色的水陆两栖分子，自己明白自己一点，不要太糊涂得意了。我听到许多批评别人的，都懂得用“不合时代”绊那作品一下，又听到许多夸张自己的，都援引“时代的作品”寻求主顾。文学侍从所服侍的，虽由“主子”“君王”转为“时代趣味”，奴性则并不稍减。其实，他们自己心里，实在又都很清楚，作家，批评家，书店老板，与坛上文豪，看看报纸上登出了一个广告，年轻学生络绎不绝地走进铺子里来买书时，挤挤眼睛，互相望到，交换一个会心的微笑，在某一种协作下，他们已经默契协妥了。你们作家日常见面十分亲爱的朋友，就是在另一时作品上描写到的敌人。你们都想用谎话筑成你们的生活基础，为了一张帆要兜取四面八方的风，无耻一点的，他便明明白白地常常在那里变，胆小腼腆一点的，便悄悄地在那里变。你们的目的是使你们如何可以入时，为了入时，都成为善忘而没有自己的人。自己的过去，已忘掉了，却常常找寻另外一个什么人的一点过去说话方便处，抓他一把，捏他一下，自己仿佛若有所得，并且图证明自己，就服从了正义，把握了时代。这种神气，还有什么值得来说？

站在年轻一点朋友的面前，我想告他们说，信你自己，比信别

人较好。你即或是一个跛子，你走到的地方，比那些据说能带你白日飞升的人所带到的地方，一定还远许多。即或你只一条腿，凡是你要走去的，就没有什么达不到的！你若是在写创作，觉得那是好事情，同你性情相合，觉得那是一件可以举起你自己，扩大你自己的事，同时又相信那么努力把自己生命同自己的趣味嵌到作品里去，结果还能在另一地方、另一时代揪着一些人的感情，能够这样，便是你一点快乐。你谁也不必顾及，谁也不必注意，自己就做去好了。你若有你的毅力同信心，失败并不是永久的事。谣言的力量，虽能流传各处，从这一张吃肉吃饭的口，转到那一张吃肉吃饭的口里去，却并不能够挡着你向前的路。你沉默一点，沉默一点。你要做的事，是靠到沉默，却不是靠到招摇的！站到大河岸边，眼望满江汤汤浊水，日夜无声地流去，我想象到一年来许多年轻一点的朋友们，那么流去，也终于流到一个不可知的境遇里的事，便觉得自己还是不行，为朋友说下的话，留着自己倒还是非常有用了。

用水作喻，有决堤陷城的气力，具向浩渺海洋里流去的雄心，对生活态度，对文学的态度，这种一致的单纯，于文学与生活解释，或者是一种迂见，然而从这方向中，我相信至少可以得到一种机会，与诚实站在一块儿，经得起时代不变的风浪的颠簸，始终还有一个他自己。现在的日子，却正有许多人是不需要自己的。

『奴性』原是人类一种本能，一个人无所倾心，就不大像一个人了。

一周间给五个人的信摘抄

甲

不要为回忆把自己弄成衰弱东西，一切空洞美好回忆都是有毒的。

不要尽看那些旧书，我们已没有义务再去担负那些过去时代、过去人物所留下的趣味同观念了。在我们未老之前，看了过多由于那些先前若干世纪老年人为一个长长的民族历史所困苦，融合了向坟墓钻去的道教与佛教的隐遁避世感情而写成的种种书籍，比回忆还更容易使你“未老先衰”。

乙

大概人是要受一种辖治才能像一个人。不拘受神的、受人的、受法律的、受医生的、受金钱或名誉、受过去权威或未来希望，……多少要一点从外而来或自内而发的限制，他才能够好好地生活下去。“奴性”原是人类一种本能，一个人无所倾心，就不大像一个人了。

失恋使你痛苦也是当然的，就因为这是你自己选定的主人。这主人初初离开你时，你的自由为你所不习惯，所以女人的印象才折磨到你的灵魂。觉得痛苦，就让它痛苦下去，不要用酒、用别的东西去救济，也用不着去书本上找寻那些哲理名言。**酒只是无用处的人、懦弱的人才靠到它来壮胆的东西。哲理名言差不多完全是别一个人生活过来，思索过来后说出的话语。你的经验，应当使你去痛苦，去深深地思索，打发一些日子。唯一的医药还是“时间”**。时间使一个时代的人类污点也可以去尽。让时间治疗一下你这个人为失去了“主人”因理性与感情的自由而发生的痛苦，实在太容易了。

丙

你来信尽提到作家，不要羡慕那些作家，还是好好地做你的物理实验吧。

一个写小说的算什么？他知道许多，想过许多，写了许多，其实就永远不能用他那点知识救济一下他自己。他的工作使他身心皆十分疲劳，他的习惯罚他孤单独立。……他自己永远同一切生活离开，站得远远的，他却尽幻想到人世上他所没有的爱情和其他东西。他是一个拿了金碗讨饭的乞丐，因为各处讨乞什么也得不到，才一面呻吟一面写出许多好梦、噩梦到这世界上来。**一个健康人的观念，对于这些人是只有“怜悯”的。**

丁

决定一个民族的命运，是能用思索的人就目前环境，重新去打算，重新去编排，不是仅仅保守那点遵王复古的感情弄得好的。

与其把大部分信仰力量倾心到过去不再存在的制度上去，不如用到一个崭新的希望上去。

不要因为一些在你眼前的人小小牺牲，就把胆气弄小了。去掉旧的，换上新的，要杀死许多人，饿死许多人，这数目应当很大很大！综合成一篇用血写成吓人的账目，才会稍有头绪！

戊

一个女人，本来就要你们给她思想她才会思想，给她地位她才有地位，同时用“规则”或“法律”范围她，使她生活得像样一点，她才能够有希望像样一点！

女子自己不是能生产罪过的！上帝创造女子时并不忘记他的手续，第一使她美丽，第二使她聪明，第三使她用情男子；上帝毫不忽略，已尽了他造人的责任。可是你们男子，办教育的，做丈夫的，以及其他制香料、化妆品的，贩卖虚荣的，说谎话的，唱戏扮王子、小生的，缝衣的，发明鞋子、帽子的，……却把女子完全弄堕落了。

人各被称为『信天翁』的，幸福处就在一切自然限制，从不引起他的恐惧。生命欲望，从不归纳成为一个目的。

潜渊二

——油在水面，就失去了粘腻性质，转成一片虹彩，美丽悦目。人的意象，有时也可以敷布于时间上，做成虹彩，共有七色，且多变化，可以感觉，不易捉摸。

一

……一月已开始。雨季已成过去，阳光甚好。气候温暖如春天。然而景物清流。想在散步处地面发现一二种小小虫蚁，具有某种不同意志，表现到它本身奇怪造型上，斑驳色彩上。搜索甚久，毫无结果。人倒很多。到处可以碰头。样子都差不多，睡眠不足，营养不足。俨然多少代都生活在一种无信心、无目的、无理想情形中。脸部各种官能，因不曾好好运用，都显出一种疲倦或退化神情。在这种人群中散步，我总不免要胡思乱想，用什么方法可以使这些人都多有一点生存兴趣，哭起来，笑起来？似乎需要一个“神”，一种“神话”。有个“明天”威胁他，“引诱”他。本地菩萨虽多，都是铜铸的，实缺少“神性”。做法又不新不旧，毫无美感。也许真正需要的是一个艺术家，文学作家，来创造神与神话。天云少变化，地面少虫蚁，人的幻想难展开，神与神话产生亦不容易。似乎还有二三有心人，想用钢铁作材料，排比堆积，建筑若干美丽观念，从此观念上产生一点“信心”。好好地活与更好地活的信心。（在某一意义上说，这个信心，又应当名为“野心”。）中国人好像又都需要它。

二

静中如闻呼唤声。读《沙宁》一章。心甚跌宕，俨若对生存无所自主，但思依傍一物，方能免于入渊陷泥。然当前所依傍的本身，也就正像一个往“不可知”深渊中陷溺之物体。虽荇藻纠缠，下沉极缓，明明白白，生命却在下沉中。渊深无底，不易着脚。下陷越深，压力越大，因此视、听诸官觉，逐渐失去灵明敏锐感，以至终于糊涂，与木石同（人各被称为“信天翁”的，幸福处就在一切自然限制，从不引起他的恐惧。生命欲望，从不归纳成为一个目的）。

然人到明知明天此种不可免情形时，转觉镇静。水中荇藻鱼鳖，无不看得清清楚楚。即小“水猛子”虫，在水草间弹来弹去的虾米，如何活动，如何生长，如何发展，又如何新陈代谢，总之无不为个印象。所见既多，转觉人生可悯。庄周两千年前用文字建设一种“明智”与“解脱”观念，就正是因为生命粘住在“事实”上，生悲悯心，强为诠释，用以自慰罢了。

晚月已上，清光照大地，如敷银灰。树木房屋，无不各具一种奇异光影，带有魔性和神性。在月下排组过去、当前人事，俨然从此即可见出一个“未来”。从人家暗下走过时，正见一片月光上窗，从容而自在，如万千年前即已如此，一切俱不足惊讶。自视这颗心，为一切人生景象，狂跳了三十六年，直到如今，还依然在一切问题上，一切现象上，感动到不可想象。生存即永远如在风雨中。所谓“乡下人”，特点或弱点，也正在此。见事少，反应强。孩心与稚气、与沉默自然对面时，如从自然领受许多无言的教训，调整到生命，不知不觉化成自然一部分。若在人事光影中辗转，即永远迷路，不辨东西南北，轻重得失。既不相信具有导路碑意义的一切典籍，也很感疑活人所以活下来应付生存的种种观念与意见，俨若百货店窗边望望，十字街口站站，到城市十五年即成过去，目的与理想，都是孩心与稚气向天上的花云与地面的水潦想象建筑起来的一切不切实际□□□□特点，也形成□□弱点。

三

黄昏微风动草，远处人家房瓦上有一面旗帜翻飞。日光普照百物，无物不孕有温暖感觉。湖水虽若异常清冷，唯鱼类似即仅因光明，就显得活泼好动。日落后，见浅白天空中忽现一星，光弱而美，令人起奇异幻觉。如七月天在草原上一株孤树下仰天躺卧外，与一条曲虹相对时情景。似宗教情绪与情想意识合而为一，引起轻微骚乱，骚乱中交织悦乐与惆怅，两者如此分明，可如此模糊。我见到的是一种什么事物？我感到的又是一种什么人生？这一切，如何空虚，又如何具体！

试摘采路旁一小小红花，另外一时温习此“当前”光景时，或可用它作记忆之舟楫。但这小花，一到手中就谢落了。水塘中苇子，向天直矗如枪，拔颖如旌旗，带银光，有毛长穗在轻风中微微摇荡，甚美丽动人，与抽象心情相称，不可攀折。

四

天阴有云，不见阳光。默坐窗前，睇视窗上紫纱如一个摇网，（似动实静）兜来兜去，网住了我一切幻想，无从挣扎。试想凭一种莫扎克乐曲中或可得到救助，将生命从得失哀乐中拉开上升。上升到一个超越利害，是非，爱怨境界中，唯与某种造型所赋“意象”同在并存。一切静寂，只有一组声音在动，表现生命纯粹。然而势不可能。音乐在过去虽能使无分量、无体积的心智或灵魂受浣濯后，转成明莹光洁，在当前，实在毫无意义。

一只鸡，小时候常被盘旋空中的鹰所恐吓，到长大后，看到凡在空中飞的鸟，总以为那是鹰了，就非常害怕。其实，在天空里飞的老鸹，身重最多不过六两，所吃的只是小虫，所梦的只是小虫，这老鸹，即或知道鸡怕它，也仍然只能吃小虫、梦小虫的。

甲辰闲话二

我的疑心病到近来真已无药可以医治了。让我作一个比喻。一只被人打过一次的狐狸，平生仅只被人打过一次，从此对于人自然就不大放心了的。尤其是对于那些仿佛很有一点不同气概的人，它总愿意同他远一点。我许多地方都好像一只狐。过去生活并不止打过我一次，所以我把享受别人的友谊同尊敬的权利，完全失去了。不要笑我，这事已够悲惨了的。

有一个听人说了差不多十年的“聪明体面”人，我因别的一个机会见了，那时心里想，这可太幸福了，因为许多拜佛的人，是以见到一次他所信仰的佛为荣幸的。往年活佛到北京时，许多蒙古人倾家来见一次活佛，到回去时，连路费也没有，但他们还很快乐。宗教的倾心，其中原包含一种奴性的皈依，我对于好些女人差不多也是如此。可是人家一开口就说我的文章，我在卑微里放光的灵魂，即刻为这出于意外的事感到不幸了。我疑心人家是特意来制造一套精致的废话，来娱乐我这寂寞寡欢的人。我能比任何人还善于体会别人的友谊，但我照例还要疑心别人对我所说的是一种废话（凡是说到文章的，我都认为是废话）。这小丑人格，原同我外表不十分相合，所以别人照例也绝不知道我如何怀着无用可怜的心情，希望人家不用这样太虐待我的。别人坦白的言语，窘我到只想躲避生人，同时也就使我同一些熟人永远不能相熟。这狐狸兽类性格的形成，容我去分析，结果我便看到了另外一种生活，十分觉得可哀。习惯于穴居独处的理由，除了我自己能明白，此外是没有可希望了的。

又如最近我到过一个人家去，这人是我六年前便同他一个弟兄非常熟识的。机会自然仍得谈到文章，我一面勉强吃喝，一面就只想逃走，总觉得这不过一种圈套，有意抛过来便落在头上。若不同我说到这些事，我还一切自由，毫无拘束，一开口，即由于这“友谊”成为“灾难”。当前的景况，全觉得不容易支持了。

这些人，正如其他许多人一样，料不到我是那么一个无福气享受别人友谊同尊敬，性格的病态会到这样子的。

还有某女作家，一见我，就问我上海的青红帮同什么名女人的最新事情。我说：“这个我可不大注意，因为凡属于这些，一定得订许多小报，才够资格谈的。我平时看报，很疏忽这一项。”我虽然申明我对于这一类知识并不渊博，但这女作家大有除此便无话可说的神气。回来时，我便同我的朋友说：“我今天非常难受，因为被人当作怪人，许多话不谈，就只同我谈这一类无聊的话。这显然是她以为我只可以谈这类问题的。”

朋友听到我的牢骚，只能干笑，他告我许多人就只能谈这一类话，同时仿佛锦心绣口的人，更对于这件事感到趣味。这女作家的性格，许多人都证明过了，我还是很不快乐。别人天生的兴味，也能带给我一些苦恼，这也是我愿意同人离远一点的理由。

不过倘若我并不常常把自己看得太小，同时又不把别人看得太大，我不是就随时随地都可以从另一方面得到神清气爽的机会了吗？

一只鸡，小时候常被盘旋空中的鹰所恐吓，到长大后，看到凡在空中飞的鸟，总以为那是鹰了，就非常的害怕。其实，在天空里飞的老鸹，身重最多不过六两，所吃的只是小虫，所梦的只是小虫，这老鸹，即或知道鸡怕它，也仍然只能吃小虫、梦小虫的。这寓言，似乎在什么书上见过一次。若不是在书上，那就一定是在一个人的客厅里依稀读过了。

编后记

“大多数伟大作品，是因为它‘存在’，成为多数‘需要’，并不是因为多数‘需要’，它因之‘产生’。”

沈从文先生不是哲学家，但作为一位作家存于世的他，其作品能给人以哲学深度的启发。而这种哲学深度的启发，并不是由天马行空的思维、晦涩难懂的文字堆砌而成的。人作为生物，来源于自然，尽管如今生活在由钢筋水泥搭建而成的物质世界，但亲近自然的本能从未改变。“从文哲学”的初衷，或许就是从人最亲近的自然深处，发掘人生感悟，发现人性与自然的背离，试图唤回人纯净的心念。

“作家”二字包含的意义太多。沈从文先生作品的影响力，随着时代文学厚重感的退化，越发在当代文学中凸显地位，并作为一种类似教育的警醒而存在。教育从来都不只是教育家或者人民教师的责任，况且“过去教育有一根本缺点，即是：只教他们如何读书，从不教他们如何做人”。而这里的“过去”又与现在相差多少呢？

本书选取能表现沈从文先生对于“人生哲学”的思考和态度的31篇优秀作品，并经沈从文家属亲自审定，字里行间是沈老哲学观念下的发人深省的深刻的文字。由于年代关系，书中个别语言表达和现在的语言习惯有些差异，具有一定的时代烙印。编者在尊重作者、尊重原文的基础上，尽量保留作品的原貌，但为照顾到现在读者的阅读习惯，对个别与现代汉语的语言习惯不同的地方进行了处理，如“那”和“哪”，“的”“地”“得”等均按照现代汉语的规范做出了修改。

希望阅读本书能使读者进入沈老内心的哲学世界，获得一场真正的人生价值的洗礼，并把他的“哲思”“哲行”融入自己的日常生活。

本书编辑

2017年7月